科学魔法师

51 个令人惊奇的科学实验

【法】文森·比雅 / 著　张冬盈 张茜茹 / 译

上海科学技术文献出版社
Shanghai Scientific and Technological Literature Press

图书在版编目（CIP）数据

科学魔法师：57个令人惊奇的科学实验 /（法）文森·比雅著；
张冬盈，张茜茹译 . —上海：上海科学技术文献出版社，2021
　　ISBN 978-7-5439-8368-7

　　Ⅰ.① 科… 　Ⅱ.①文…②张…③张… 　Ⅲ.①科学实验—普及
读物 　Ⅳ.① N33-49

　　中国版本图书馆 CIP 数据核字 (2021) 第 140522 号

图字：09-2017-557

选题策划：张　树
责任编辑：王　珺
封面设计：合育文化

———————————————————————————————

科学魔法师：57个令人惊奇的科学实验
KEXUE MOFASHI: 57GE LINGREN JINGQI DE KEXUE SHIYAN
[法]文森·比雅　著　张冬盈　张茜茹　译
出版发行：上海科学技术文献出版社
地　　址：上海市长乐路 746 号
邮政编码：200040
经　　销：全国新华书店
印　　刷：常熟市人民印刷有限公司
开　　本：720mm×1000mm　1/16
印　　张：9.5
字　　数：122 000
版　　次：2021 年 8 月第 1 版　2021 年 8 月第 1 次印刷
书　　号：ISBN 978-7-5439-8368-7
定　　价：38.00 元
http://www.sstlp.com

目　　录

科学魔法师
57 个令人惊奇的科学实验

 序 言

　　如果你知道怎样不借助开瓶器打开酒瓶、怎样倒着使用遥控器,如果你剥洋葱的时候从不流泪,如果你知道为什么游泳健将身材高大,如果你从不费心节省汽油,那么,这本书对你没有什么意义。如果你不属于以上情况,那么请注意了,你将学到不少东西,还会忍俊不禁。

　　本书的写作灵感来自一种成见,不幸的是,这种成见在学生与教师中间非常普遍:科学,特别是物理,总被看作是高深莫测且远离生活的。在中学和大学里,我们学着运用或多或少抽象的知识去解析这个世界。而本书则尝试另一种途径:通过观察周围的事物来激发我们的求知欲。从水的沸腾到雷雨的轰鸣,从胶带到雨速,从高压锅里的电话机到温度计的不寻常用途,我们借此窥探四周的奥秘,就像从望远镜的一头向外放大地看世界(我们能从另一头看吗)。

　　本书带来让人好奇、质疑、惊讶甚至感到当头一棒的机会,但更重要的是,我们能自娱自乐、开怀大笑,把玩习以为常的物品并轻松战胜感官陷阱。我将用另一种方式带你领略这个熟悉的世界,你将会找回童年时代看到魔术表演时的兴奋之情,而这一次,你自己就是魔术师……不过,你不一定总能明白其中的窍门!

　　这些小实验运用生活中司空见惯的材料,却能为你带来探索、发现、创造的乐趣。这种"动手实践科学"没有公式,却并不缺乏思考。本着这种精神,无论情境是新是旧,你都应当勇敢地"伸手"实践。

　　无论是下厨还是散步,无论天气是冷是热,从天空到大地,我们无时无刻不在问"为什么"。说到底,任何对于科学的追求,并非从解决疑问开

始,而是从提出问题开始。好奇心是必不可少的,它是我们前进路上的马达,如果目的地尚不明晰,那么就让沿途的风景为我们指路吧。

本书中的每一专题以及每一章节都是独立的,无论是细品慢嚼还是狼吞虎咽,每个人都可以遵循自己的喜好来阅读。

你会在书中时不时看到一些提问,以及小提示。正如你在品尝美食前会细细观察它的色泽,在面对提问时你也可以先给出自己的答案,然后再翻看书末我给出的答案。在这一探索及证实的过程中,你的想法越多,乐趣也会越多。

最后,书中的一些插页是给那些希望进一步了解科学原理的读者准备的。正如在一趟远足之中,夜幕落下,大多数人回营休息,却总有一两个人希望走得更远。

祝你阅读愉快,希望这本充满"科学秘方"的书能带给你快乐的体验。希望每位读者都可以根据自己的兴趣来阅读、实践、与人分享,虽然往往只是为了看到别人脸上惊讶的表情,以及因为自己已经先一步知道了秘密而偷偷得意……

趣味厨房

没什么可哭的

剥洋葱的时候泪流满面——谁都因此大声抱怨过吧？一些比较敏感的人在处理其他蔬菜（例如韭葱）的时候，也会有这样不愉快的经历。

在阅读了大量有关这个问题的材料后，我在这里为大家总结一些我认为最简单也是最有效的方法。

首先要注意，在剥洋葱的时候，别把鼻子凑得太近。最好伸长手臂，把洋葱放在离身体尽量远的位置（坐着剥比较容易维持这个姿势）。除此之外，还有一种方法似乎也十分有用，就是在剥洋葱之前把它在冷水里浸一下，并且剥的时候也时不时在冷水里过一过，这样有助于降低洋葱汁液的刺激性。

还有一个非常重要的诀窍，就是在剥洋葱的时候，不用鼻子而是用嘴来呼吸（如果你想知道其中的科学原理，可以看看下一页的"导致流泪的化学成分"）。要做到这一点，每个人都有自己的方法：张着嘴叼住一小块面包、一把汤匙、一片柠檬……但是似乎最有效的方法还是堵上鼻子，当然得用比较柔和的方式（鼻夹、纸巾等等）。

有人说可以在剥洋葱之前先将手腕在冷水里浸一下，然而这种方法并非百试不爽。这种方法是否有效因人而异，并且与血管遇冷水的收缩程度有关。如果非要用改变温度的方式，那么，事先把洋葱在冰箱里放半个小时则有效得多。

戴眼镜或是隐形眼镜的人可能在剥洋葱的时候更有优势，因为他们的眼睛有两片镜片保护。依照这个方法，你可以戴上潜水镜甚至面具。如果有人嘲笑你，就让他来替你干这个活吧！

最后一点建议是关于如何切洋葱的,这一点也是最重要的。首先从洋葱的顶部向下切几刀,注意别切到底,然后再从与这些刀口垂直的方向,平行地切几刀,最后去除根部。

导致流泪的化学成分

洋葱、韭葱与大蒜中都有一种含硫的氨基酸成分。切洋葱时,这些氨基酸成分被某种酶分解,形成一种含硫的氧化物,它具有刺激性且极易挥发。遇水时(比如我们眼睛里的泪液),这种氧化物就会分解成丙醇、硫酸以及硫化氢。

眼睛的流泪反应恰恰是为了稀释这些刺激性物质。同样的,在我们湿润的鼻腔里也存在着液体,所以切洋葱的时候通过鼻子呼吸会感觉到刺鼻。如果我们用嘴来呼吸,这种感觉就会大大减弱,而且我们呼出的气流还能赶走那些刺鼻的气味呢! 不过,最理想的方式还是用嘴来吸气,然后用鼻子来呼气。值得一提的是,洋葱之所以具有那样独特的口味,也是多亏了这些化学物质呢。

如果以上这些办法都不管用,你还是一如既往地流泪,那么就请你找找其他原因,或是干脆直接买洋葱粉吧……

厨房里的加热器具

你知道吗? 普通的家用器具也能变成科学仪器,用来做实验呢!

请拿出一口带有金属锅盖的锅,然后打开你的手机,把它丢到锅里煮……我开玩笑的! 把你的手机放在锅里,盖上金属锅盖,然后用另一部手机或者固定电话拨打你的号码。锅里的手机响了? 不太可能吧! 现在,把锅盖稍稍移开露出一条小缝,手机响了!

光速以及微波的波速

你家里的普通器具也可以用来测量微波的速度以及光速。在驻波体系中,波的长度 L 是和其频率 f 以及所要计算的速度 c 联系在一起的,公式为:c＝L×f。我们可以在技术说明书里找到频率大小,通常为 2.45 GHz(1 GHz＝10 亿赫兹)。你可以通过以上的实验计算出波长,即为波的两个结点间距的两倍,因为在一个周期中有两个节点。通过计算,得出波长为 12 cm,即0.12 m。运用上面提到的公式,得出 c＝294 000 km/s,与物理学家计算出的数字(299 792.458 km/s)仅有约 2％的误差,对于一个加热饭菜的器具来说已经很不错了……

这个实验的秘诀就在于你的锅子是用金属做的(最常见的材料是钢),而金属会阻隔那些手机天线能接收到的电磁波。为了进一步使你确信金属是导致这种现象产生的原因,你可以改用塑料锅盖或是任何一种非金属的锅盖来做这个实验,你会发现盖上锅盖,手机铃声照样响起。

女士们，你们或许注意到了，手机放在提包里的时候铃照样会响。确实，你们的手提包是一个华美优雅的"盒子"，但是从物理学上而言它只是一个封闭的软性容器。

现在，走到微波炉前，取出里面的转盘，放上另一个不会转动的托盘（注意要用不引起崩裂的材料，比如塑料锅盖）。在一个盘子上用蜂蜜画出一条长约20厘米的线，待蜂蜜凝固，然后把盘子放在微波炉里的托盘上。开启微波炉，一分钟后把盘子取出。

你看到了什么？蜂蜜条上的有些位置完全融化了，另一些位置上则几乎完全没有变化，这是为什么呢？因为微波炉内的波是一种驻波，存在着最大能量区域和最小能量区域，就像一条弦，振动时会产生"波腹"及"波结"。这就是为什么微波炉内的托盘要转动的原因——为了避免产生只加热了局部区域而遗漏另一些区域的情况发生。

当然，如果你喜欢巧克力的话，也可以用一块巧克力来作这个实验。

每日一问

当我们用微波炉加热完咖啡或热巧克力后，我们可以直接拿着杯子而不觉得烫手。为什么用微波炉加热时，容器的温度大大低于里面盛的东西呢？

答案在128页

小·提示

在微波炉里，真正被加热的只有水而不是其他物质。

超级大厨告诉你

这里有几个日常生活小窍门，有了它们，在厨房里手忙脚乱的你就能变得从容不迫。比如，煮带壳鸡蛋的时候，怎样才能防止蛋壳破裂呢？

煮蛋时，水里的气泡使得鸡蛋翻转浮动，最终导致它敲击锅底或是锅壁而破裂。为了防止蛋壳破裂，当水沸腾的时候，你可以在水里放入精制盐（不要提前放盐，因为盐水对锅有腐蚀性）。这么做是为了让盐水的密度更接近于蛋的密度，这样一来，蛋在水里相对地变"轻"了，上浮的气泡对它的影响也就变小了。

既然说到蛋，我就来告诉你如何分辨一只蛋是生的还是熟的。在一个光滑的平面上，转动这只蛋，然后用手指把它停住，马上拿开手指，这个时候如果这只蛋静止不动，那么它就是熟的；否则，它就是生的。这种现象产生的原因在于，如果一只蛋是生的，那么当它被停住时，里面的蛋白由于惯性在继续转动，所以放开手指后，转动着的蛋白也会带着其他部分一起转动，这也是出于惯性。如果你的孩子向你询问原理，把他的沙滩小桶拿过来，在里面装满水，把它悬起来并且转动它，然后停住小桶，再马上放开它，它重新开始转动了！因为里面的水带着小桶一起转动。

如果你不喜欢烫手的披萨，那么就把它置于转动的脱排油烟机下，披萨将会很快冷却。这里的原因不在于产生的气流，而是由于脱排油烟机把蒸汽抽出，使得披萨有效冷却。至于热咖啡，冷却它的最好方法莫过于从上面吹起，特别是在你没有加糖的时候（因为糖能使咖啡稍稍冷却）。你

还可以在咖啡里放入一把或是多把金属汤匙,冰冷的汤匙在吸收热量的同时,也冷却了咖啡(另外,金属汤匙还充当了热能辐射器的角色,将热量辐射出去呢)。

相反地,在手边没有冰块的情况下,如何尽量让饮料保持冰爽呢?办法很简单,用一块湿的布裹住饮料瓶就可以了。布里的水蒸发吸热,吸收的热量一部分来自周围空气,一部分就来自饮料瓶……这就是为什么在沙漠中人们大多用编织的容器来装东西,这样里面的水分能持续蒸发,有助于保鲜。

胡萝卜熟了

亲爱的烹饪爱好者们,说到作菜,我刚才提到了微波炉(参见前面的"厨房里的加热器具")。但是,为什么用微波炉烹饪的肉与用烤箱烤熟的

肉,两者的口味有如此大的差别呢?并且,为什么用微波炉加热,肉熟得更快?因为用传统的烤箱加热时,菜肴的外部首先升温,这样一来,肉就很容易被烤至金黄,但是要注意的是,如果烤太长时间,就会产生碳化作用(从菜肴的外部开始,相信每个人都有至少一次这样的经验)。烤箱内部能达到的温度非常高(250 ℃甚至更高)。烤肉时使用烤肉棒,也是为了帮助加热肉的内部,让它烤得更均匀。

微波炉则完全是另外一回事了。用微波炉烹饪时,真正"激情热舞"的仅仅是食物里的水分,所以,整个菜肴是同时受热的。微波炉里的温度较低,因为水到达100 ℃就会……蒸发!肉类不会变成金黄色,并且,如果加热过头了,食物也不会被烧焦,而是会变得干巴巴的。可是,我说的这些真的和烹饪有关吗?好吧,到此打住。不过,你至少知道为什么越来越多的微波炉配有烤架了吧。

健康小常识

我的锅对我的健康有害么?从物理学角度来看,一口好锅应当是一个理想的热导体,这样看来,银、铜和铝是最好的备选材质。首先我排除银,理由显而易见——太费"银子"咯!剩下铜和铝两个。铜锅,太难保养,而且生成的氧化物(铜绿)有毒。铝锅倒是没有毒性,但前提是铝乖乖地待在锅里而非不请自来,在你烹饪的菜肴里现身!

在使用铝作的容器的时候也要注意这一点。为了不腐蚀容器,尽量别把菜肴存放在里面(即使放在冰箱里也不行),特别是当菜肴里含有酸或咸的酱汁的时候。现在市面上有比较先进的"阳极铝锅",材质是氧化铝——这种材质就稳定多了。

每日一问 ?

在冰箱的冷冻柜里同时放上一瓶热水和一瓶冷水,热水先结冰,这是为什么呢?注意,如果你用玻璃瓶来作这个实验的话,别把瓶子完全灌满,否则可能会引发瓶子爆裂哦……

答案在 129 页

小·提示

别忘了,热水比冷水蒸发得更快。

气泡的世界

看标题就知道,这一节我们的主角是小泡泡们。尊敬的各位,首先就让我们从如何正确地开香槟(或是苹果酒、气泡酒)开始说起吧。

固定酒瓶,转动瓶塞——这是许多人开瓶的习惯。但是,正确的技巧应当是固定瓶塞,转动酒瓶,直到瓶塞开始活动。然后,从瓶塞的侧面慢慢地放出里面的气体,最后轻而易举地拔出瓶塞……干杯!

借此机会我想澄清一个广为流传的错误认识,许多人认为在瓶颈里放一个小勺子就能防止气体逸出——精确的测量表明,根本没这回事!

观察瓶子里的泡泡，你会发现，小气泡上升得较慢而大气泡则快多了，原因是后者受到的阻力较小，也就是气泡越大，受力减速的影响就越小。

往装着充气矿泉水或是苏打水的玻璃杯里丢一块冰，你就会发现在杯子里形成了气泡。这些气泡形成于液体中的"胚芽"周围（比如用纸巾擦干杯子时留下的纸絮），或是冰块、玻璃表面凹凸不平的地方（气泡形成的位置，玻璃和冰面都是极不光滑的）。你往往能观察到一连串的小气泡，它们都在同一个地方产生，比如玻璃杯内壁的小缺陷处（当然这种缺陷要用显微镜才能观察到）。一个气泡形成，上浮，同时它的位置又被另一个气泡代替，重复相同的过程——这样就变成了一串气泡。

当水是"硬"的

你一定听说过水有"硬度"。为了验证这个说法，让我们来做一个小实验吧。实验所需的材料很简单：三个玻璃杯、少许盐、粉笔和洗洁精。

首先，在三个玻璃杯里分别装入离杯底高度为几厘米的水，然后在其中一个杯子里加入五匙精盐，在另一个杯子里放入少许粉笔末；接着往三个杯子里都倒入满满一匙洗洁精。用汤匙分别使劲搅拌三个杯子里的溶液，观察它们的不同……

你会看到，在装有粉笔末的杯子里出现了少许泡沫，在只有清水的那个杯子里出现了大量泡沫；而装有盐水的杯子里则几乎没有泡沫。

水的"硬度"取决于其中钙元素或镁元素含量的多少。含钙量越高，水越硬。包含粉笔末的水是硬水，它很难使洗洁精、肥皂及香波等起泡沫。反之，当水比较软的时候，泡沫则较容易产生。不过，在盐水中加入

洗涤剂是几乎不会起泡的！

如何解释这一现象呢？奥秘就在于水分子能在多大程度上与洗涤剂的分子结合，形成化学键，而这些化学键是泡沫产生的基础。在硬水中，钙镁离子与水分子形成化学键，已经占用了大量的水分子，所以起泡比较难。生产洗涤剂的厂家深知这一点，所以在产品中加入"泡沫剂"。在水质较硬的地方（比如巴黎地区），洗净衣物要更费力一些（洗澡也一样）。软水更易起泡，所以用同样多的洗涤剂能够达到更好的清洗效果。至于盐水……水里溶解的盐分会阻止泡沫的形成，所以别用海水洗澡！

硬水，硬水

世界各国对于水硬度的表示方法各有不同。在法国，我们用"法国度"来表示（惊讶么），符号为°f。低于 7 °f 的水为特软水，20 °f 左右的水是中度水，高于 40 °f 的水为特硬水。看看你的水费账单，就可以知道你家水的硬度是多少了。

硬水软化器通常能够将水软化至 5 °f 到 10 °f。1 °f 意味着每升水中含有 4 mg 的钙或 2.4 mg 的镁，知道了这个，就不难计算出你最爱喝的矿泉水的硬度了……

当水是"软"的

为什么在地中海里游泳比在大西洋里更容易浮起来？同样地，为什么在大海里上浮比在游泳池里更轻松？这里，一个简单易学的小实验将为你解开谜底。

首先，你需要一些用染过色的水冻成的小冰块。同时，准备一个大玻璃杯,倒入四分之三杯的浓盐水。

准备就绪后,轻轻把小冰块放在玻璃杯里的水面上,毫无疑问,刚开始它们会浮在水面上。渐渐地,它们开始融化成水。这个时候,如果你不碰玻璃杯的话,那有色水会怎样呢? 它还是待在最顶层! 不过,有色水和杯子里的盐水不混合,并不是因为它的颜色(在水的世界里可没有肤色歧视),而是因为冰块是由"软水"形成的,它不含盐分。在缓慢的融化过程中,冰块融化成的水会停留在盐水的表层,因为后者的密度更大。

人身体的密度比水略小,但总体而言和水的密度相近,这并不稀奇,因为我们身体的三分之二是水。这就是为什么在密度较大的盐水中(哪怕盐度并不高),我们能更轻松地浮起来,把头露出水面。而在盐度较高的海水中潜水则很困难。从海水中出来后,如果不马上用淡水冲洗一下身体,那么你的皮肤就会提醒你盐溶于水这个常识。从海水中带出的盐分溶解于皮肤上的水分,你将感到浑身奇痒难耐……

水 的 破 坏 力

为什么水管冻住之后会爆裂呢? 因为水是少数几种在固体状态下体积比在液体状态下大的物质之一(另一个例子:铋)。水结成冰后,体积大约膨胀了 10%,导致管道爆裂甚至岩石崩裂。民间谚语"天冷得石头都冻裂了"就是由此而来。

奇 妙 物 品

一元钱的实验室

猜一样物品:家家户户都有它,一旦停电也不怕。从它身上能观察,物理化学奇变化。

答案是:蜡烛!

点蜡烛的时候涉及许多物理变化,我们首先从"毛细作用"说起。为了哄小孩,你也许曾用方糖蘸咖啡给他/她吃,其实这里就涉及了"毛细作用"。

用一元钱买一支蜡烛,点燃它。蜡烛接触火焰,从固体变成液体,借着"毛细作用"渗入烛芯,然后气化。点蜡烛时,真正燃烧的正是这种蜡气。火焰底部的颜色比较暗淡,因为这里的蜡气不完全燃烧,生成了一些碳的微粒,火焰底部暗淡的颜色正来自这些微粒。火焰的蓝色部分表明这里的蜡气完全燃烧,所以,如果你家炉灶的喷火头正常运转的话,出现的火焰应当是蓝色的。

火焰顶端是明亮的黄色,这里也存在着一部分碳的微粒,但它们在这里的高温下处于白炽状态,散发出这种美丽的颜色。

接着,隔着火焰往外看,你观察到什么现象?塑料尺摩擦之后靠近火焰(别太近了),又会发生什么呢?

火焰使上方的空气变得又热又不稳定,它会扭曲图像。所以如果你隔着火焰上方的空气看世界,你会发现眼前的世界颤抖而扭曲着。

摩擦过的塑料尺会吸引火焰。原因在于,气体燃烧时产生的高温导致原子发生电离(失去电子),火焰因此带电。而塑料尺在摩擦的过程中取得了电子,所以两者会互相吸引。

这样看来,蜡烛燃烧时发生的现象有:固/液/气态的相互转变、毛细作用、燃烧、白炽状态、自动调节、对流、光的折射、摩擦生电……简直是各种物理化学现象的集合——这真是世界上最便宜的实验室!

蜡的各种状态

固体的蜡在点燃后熔化,进入烛芯,气化之后燃烧。在这个过程中,蜡经历了物质的三种状态:从固体变成液体,最后成为气体。其实,蜡烛燃烧时,还存在着第四种状态——火焰。这种极热的气体被称为"等离子气体"。

蜡烛熄灭时,液化的蜡变为固体,体积收缩(绝大多数物质都是这样的,只有少数例外,比如水)。因此,烛芯的周围会略微凹陷下去,这也是一个司空见惯的物理现象。

蜡烛被点燃的瞬间,烛芯燃烧产生热量,蜡受热熔化,在毛细作用下渗入烛芯。蜡烛的持续燃烧归功于它的自我调节构造:当烛芯中的蜡液燃烧殆尽时,火焰开始燃烧烛芯,烛芯变短,火焰离下面的蜡更近,蜡受热熔化成蜡液,整个过程重新开始。

显然,蜡烛的燃烧是化学反应:可燃物与空气中的氧气结合,燃烧生成二氧化碳、水蒸气,放热、发光(这是我们点蜡烛的目的)。燃烧过程中氧气源源不断,因为火焰附近的热空气会上升,含氧的空气就从下方补充;蜡烛燃烧时,还会产生"空气对流"现象呢!

浮沉子,向上浮啊浮,忽然之间沉下去

先准备一个有盖子的塑料瓶。拿一个笔帽,用胶水或橡皮泥堵住它顶部的小孔,然后在笔帽里塞入橡皮泥,直到它能垂直地悬浮在水里(刚好不往下沉),一个浮沉子就作好了。在塑料瓶里灌约90%的水,把浮沉子放进去,盖上瓶盖。

表演的时间到了!用力握瓶子,浮沉子就会沉下去,不用力时,它重新浮上来了!

注意哦,指导小孩玩这个游戏的时候要用小一些的瓶子,不然他们的小手难以掌握呢。

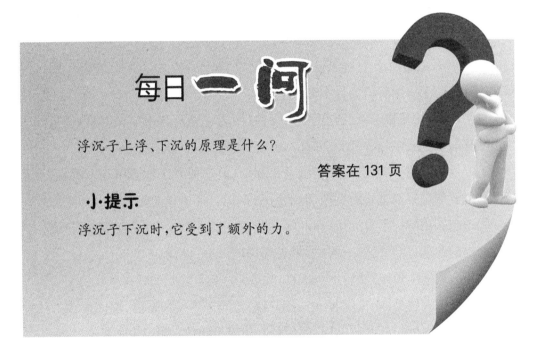

每日一问

浮沉子上浮、下沉的原理是什么?

答案在 131 页

小·提示

浮沉子下沉时,它受到了额外的力。

比一比,谁更薄

这里的主角又是一件司空见惯的物品:厨房里的"铝箔纸"。其实称它为"纸"并不合适,因为它99%的成分是金属。薄,恐怕是它和纸唯一的共同点。那么,标准纸和铝箔纸谁更薄呢? 如何测量并比较两者的厚度呢?

测量标准纸的厚度并不难,小学生都知道怎么做:只要量出一叠纸的厚度,然后除以纸张数就行了。

取一包 80 克的标准纸(一般内含 500 张),量出它的厚度(注意别忘了拿掉外包装),然后把得出的数字乘以 2,得出 1 000 张纸的厚度,这个数字除以 1 000,就能得出答案(当然我们也可以把量出的厚度直接除以 500,但是用 1 000 来算显然更简单)。如果不出什么差错,你应该能算出一张纸的厚度为 0.1 毫米。

那么,铝箔纸比标准纸薄还是厚呢?如果你凭直觉认为是"更薄",那么你猜对了。来看看为什么吧。

的确,测量铝箔纸的厚度更难一些,因为它是卷起来的。但是,凭借着你聪明的头脑,一根细绳和计算圆周长的公式,问题就能迎刃而解。

这里我用 30 米长的铝箔纸卷来举例,但这种方法是通用的。首先,我们要测量铝箔纸卷的直径,但别用尺子,这样不方便也不精确。如果你知道怎么用游标卡尺的话,那最好不过了,如果不知道,那么就用细线(绑烤肉的线就行)绕纸卷一圈(如果想更精确,也可以绕 2~3 圈)。用记号笔在线上标出首尾,然后把线拉直,测量两个记号之间的距离。我测出一圈的长度大约为 11.5 厘米,这是铝箔纸卷的外周长。接着,用同样的方法测量其内周长(即内芯纸管的周长),我得出的数字是 9.5 厘米。当然,不同牌子的铝箔纸测出的结果也会略有不同。

现在,我们来开动脑筋。这卷铝箔纸完全展开,长度为 30 米。它的周长为 10.5 厘米(取外周长 11.5 厘米和内周长 9.5 厘米的平均数)。现在唯一的问题是:一共有多少圈?计算的方法和之前计算标准纸时用的方法一样,只要计算出 30 米 = 3 000 厘米这个长度等分成多少个 10.5 厘米的周长。这卷铝箔纸一共有 3 000/10.5 = 286 圈。到这里,答案呼之欲出了!铝箔纸卷的外半径 = 外周长/2×3.14 = 11.5/6.28 = 1.83 厘米。用同样的公式得出内半径为 1.51 厘米,纸卷的厚度即为 1.83 - 1.51 = 0.32

厘米或 3.2 毫米。

那么单张铝箔纸的厚度是多少呢？既然 286 张的厚度为 3.2 毫米，那么单张的厚度就是 3.2/286 = 0.011 2 毫米。与标准纸相比，铝箔纸的厚度竟然只有它的 1/9！好不容易算出来了，咱们去买一块千层糕庆祝一下吧！

这不是个好消息

20 世纪 80 年代初，一项研究表明在一些阿尔茨海默氏病（老年痴呆症）患者的脑部发现了少量的铝。这项发现引发了人们对铝制品的恐慌，一时间铝被认为是许多疾病（阿尔茨海默氏病、帕金森病等等）的元凶。那么，事实的确如此吗？

就这个问题，美国药品管理局、加拿大健康部与美国阿尔茨海默氏病预防组织联手，展开了长达数年的调查研究。结果表明，以上这种说法难以站稳脚跟，因为"迄今为止没有充分的证据表明铝会导致阿尔茨海默氏病"。所以，如果你隔 5 分钟就忘了刚才把钥匙放在哪儿了，那么还是找找别的原因吧……

电视遥控器的另类用途

没想到吧？平常得不能再平常的电视遥控器，也能用来作有趣的物理实验呢！

使用遥控器的时候，你自然而然地会将它对准你想遥控的设备。其实，遥控器发出的红外线，能使你大吃一惊呢！

比如，你坐在所需遥控的设备前，然后把遥控器……对准自己。哇！

遥控器依旧能控制设备！现在，把遥控器转 90°对准一面墙，这时，设备可能有反应也可能没有反应——这与你所在房间的大小和格局有关。

如果你知道红外线其实是一种光，那么以上的现象就很容易解释了。当我们在太阳底下或者靠近某个热源的时候，我们感受到的热量正是来自红外线。遥控器发出的红外线强度较低，它显出的特性与光一样：部分光波被墙面反射，部分被吸收；它还能穿透一些对它而言透明的材料。

所以，当把遥控器对准墙壁的时候，一部分的红外线被反射到了电视机上。同样的，如果你把遥控器指向你的身后，那么身后的墙也会将红外线反射至你眼前的设备上。红外线经过反射后传递的时间与直接传递的时间相差无几，因为它与光线一样，具有 300 000 千米/秒的传递速度。如果在你和电视机之间放上一个屏障，那么，如同"经典"光线一样，红外线的传递与这道屏障的性质息息相关。

如果挡在你和电视机之间的是你的爱人，那么，红外线无法穿透他/她，而是被反射（及吸收），只不过这次反射光指向你自己。

如果用一张纸充当屏障,那么遥控器依旧能正常使用,但是如果改用一本书,那它就失效了,因为绝大部分红外线被这一较厚的屏障吸收了。假如用一张比纸更薄的铝箔纸作为屏障(见上文"比一比,谁更薄"),那么要分两种情况讨论:当铝箔纸紧紧贴在遥控器上时,红外线不能穿透它,因为和所有的金属一样,铝会反射光波并阻止它的传播;当铝箔纸与遥控器保持一段距离时,红外线则能传播至电视机,其实,它依旧无法穿透铝,而是被反射至周围的障碍物(比如墙上),由它们再次反射到电视机上。

如果觉得无聊,玩玩遥控器吧:对准不同的方向,或是设置各种各样的障碍物。比起看电视,把玩遥控器也许能让你学到更多的知识,何乐而不为呢?

镜子,镜子,请你告诉我

请你站在镜子前,好好观察,然后回答以下这个问题:为什么镜子里的影像左右颠倒,而上下不颠倒呢?

归根结底,原因在于我们的大脑对于镜面中影像的"解读"。我们的身体基本上是左右对称的,所以我们认为镜中的影像是自己旋转了180°,即左右颠倒。但是,这与镜子并没有关系!

举起你的右手(不用顺带说一句"我发誓"),你的影像做了什么动作?他举起了"左手",但它却具有你右手的特征! 维持这个姿势,把镜子里的你拍下来,然后试着摆出与照片上的那个你同样的姿势——不会摆了吧? 因为这次你要举起的是左手。

如果你左手上戴着一枚戒指,那么当你原地转身的时候戒指总是在你的左手上,对吧? 但是,如果你在镜子前举起戴着戒指的手,镜子里的你却举起了右手……当两个人见面握手的时候,双方都伸出右手,两手交叉相握。但是,如果你面对镜子伸出右手的话,镜中人伸出的手是不会与你的手交叉的。这样的例子还有很多,你不妨开动脑筋找一找。

旋转半圈与镜子成像之间的差异在于,后者是一种光的反射,而非旋转。这对我们来说难以理解:想象自己转半圈当然容易,但是在脑海里把自己左右颠倒就比较难了。

事实上,在镜中真正颠倒的是前后的位置:请你侧身站在镜前,把头转向镜子,你会看到镜中人也在看你,也就是说你的影像所看的方向与你刚好相反。同样地,如果你把头转向另一个方向,镜中人所转的方向也会与你的相反。

现在,请你躺在镜前。在镜子里,你身后的摆设沿一条垂直轴左右相反,而你自己从头到脚则是沿水平轴左右颠倒。这个例子说明,当我们看着镜中的影像的时候,我们将它看作是沿某条轴旋转之后的产物……我都转晕了,去吃个香草冰激凌吧。

来一点 Scotch 吧

这里,scotch 指的不是威士忌,而是胶带。通过用不同的方式扯胶带,我们能观察到分子的各种变化呢!需要的材料很简单:一卷透明胶带、一个胶带退绕器。

拿住退绕器,然后快速地扯开胶带,越快越好,你会观察到,扯出的胶带是完全透明的。把已经拉开的胶带剪断放在一边,然后重新再扯一段,不过这次要非常缓慢(比如每秒拉开 1 毫米),仔细观察,你会惊讶地发现被拉开的胶带变成半透明的了。这是为什么呢?

出现两种不同情况的原因是胶黏剂在塑料带上所处的形态不同。依照我们撕胶带的速度快慢,胶丝的反应也会有所不同。当我们慢慢撕开胶带时,胶丝被伸展、拉长,最后断开,拉长的胶丝互相交缠在一起,形成半透明的网。相反,当你快速扯开胶带时,胶丝还来不及伸长就被扯裂了,所以胶带依旧保持透明。我们可以在放大镜下看到这些细细的胶丝。

为了方便你理解,我用蜂蜜和棉线的例子来说明。如果你小心翼翼,液体蜂蜜能拖出很长的细丝;当你突然用力扯棉线的时候,它一下子就断了,不会被拉长。胶带上的化学聚合物也具有这种被称作"粘弹性"的特性。

但是,如果你把透明胶在冰箱里放一段时间拿出来做这个实验,你就观察不到以上提到的现象了。因为冰箱里的低温冻结了胶丝,所以就算你慢慢地扯开胶带,胶丝也不会伸长。低温使它们失去弹性,就像被冻住的橡皮筋,一扯就断。

现在撕下两段足够长的胶带(约30厘米),两手分别抓住两根胶带的尽头,把它们提起来,两手相距约10厘米。这个时候,你会发现它们两个互相排斥!原来,胶带在被撕扯的时候带上了相同的电荷。现在,请身边的人把点燃的火柴或者打火机放在这两根胶带的下方,你会看到胶带自然地下垂了。原因在于,火焰使空气中产生了离子(带电的原子或分子),通过空气这个导体,这些离子与胶带上的电荷中和了。平凡的透明胶真是让我们发现不断,目不暇接……

碰杯之前先碰瓶

你也许听说过一种奇特的开瓶方法:不用开瓶器,只要敲打酒瓶的底部。千真万确！下面我来教教你如何具体操作。

你需要把酒瓶的底部在垂直而坚硬的平面上敲打，比如树干或是墙面。为了保护您的双手，请在手上包一块布，同时，别忘了备好拖把以防酒瓶破裂。迅速有力地反复敲击酒瓶的底部，当然也别过分用力把瓶子敲碎了，你会看到瓶塞一点一点地向外挪动。

解释这个现象只需要一个基本的机械原理：瓶塞挪动，所需要的只是一个作用于它的外力。当酒瓶底部敲击墙壁的时候，墙壁突然停住酒瓶，使之承受一个较大的加速度与长度上的变形，它们转化成能量，以冲击波的形式作用于酒瓶及其内部的酒。当这股冲击波到达瓶颈处时，由于它的能量不变而瓶颈很窄，所以它的波幅就增大了。瓶颈先后承受压缩与扩张的力，后者使得瓶塞跑出瓶颈。

尝试这个开瓶方法的时候请你一定要小心，并且别用比砖头还硬的超级酒瓶……

哼哼哈嘿!

　　一些武术高手只要一把抓住瓶颈,就能使瓶底碎裂,这与空手道高手著名的劈木板招式的原理是一样的:他们动作敏捷,在冲击波返回到手掌之前收手,这样所有的能量都被转移到木板上,木板随即断裂,而他们的手却完好无损。

低调的空气

　　空气看不见摸不着,它行事低调,不喜欢抛头露面。现在我们就来关注它一下,以下的现象与大气压力有关,而这种压力正来自空气的重量。首先,我们要在不碰浮标的情况下,让它下沉。

　　准备一个色拉碗,在里面装一半的水;把一只塑料瓶拦腰剪断,保留上半部分;取一个小浮标(比如一小块松木或是泡沫塑料)。把浮标放在水面上,用塑料瓶(盖上瓶盖)把它罩住。现在,请你想象一下,如果你把塑料瓶往水里摁,并且不碰到小浮标,那么会发生什么现象呢? 试试看吧!

　　结果在你的预料之中么? 为了让你理解其中的原理,我们再作一次这个实验。不过这一次,在你看到浮标伴随着瓶子的下压而下降的时候,请拧开瓶盖。你也可以采取另一种方式:用钉子在瓶盖上戳一个小洞,然后用面团堵住它,把瓶子下压下去后,取出面团。这个时候,你会看到浮标的位置渐渐向上,将手指靠近盖子上的小洞,你还会

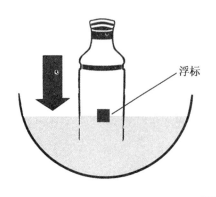
浮标

感觉到一股气流从里面跑出来呢。当瓶子里的水面和瓶子外的水面持平的时候，浮标就停止向上了。

这个实验令人称奇的地方在于，浮标本身是不会下沉的，下降的是瓶子里的水面。原因是瓶子里密闭的空气把水面往下压，而将瓶盖打开之后，里面的一部分空气跑了出来，于是瓶子里的水面以及浮标又向上回到原来位置。

现在我们来作一个小游戏，它不会让你破费却能让孩子们笑逐颜开。把两张 A4 纸竖在你面前，在它们之间留 3 厘米的空隙。在两纸之间大口吹气，它们竟然相互靠近了！为什么呢？原因还是空气压力！两纸之间出现的气流使得这里的气压减小了，接下来的工作就交给大气压力来完成了！

这 不 公 平！

这个小实验会让你对自己的判断能力产生怀疑。找来一根直径 1 厘米、长约 10 厘米的通畅的管子，以及两个材质相同的气球。在其中一只气球里吹少许气并且把管子的一头伸进吹气口几厘米，然后用胶带把它们整个固定住以防泄气。另一头如法炮制，但要注意把第二个气球吹大一点，并且夹住管口，别让气流通过管子。请你想象一下，当气流通过管子的时候，会发生什么现象呢？现在，松开管口……惊讶了不是？

压力的确是平衡了，不过，是小气球的气跑进了大气球里！物理学真是不民主不公正……为了理解这个现象，回想一下在你吹气球的时候发生了什么：吹气球刚开始最费力，因为这个时候气球内部需要你克服的压力最大。随着气球的膨胀，它内部承受的压力也就随之减小了。当两球连通后，小气球向大气球送气以平衡压力。对了，别人请你帮着吹气球的时候，要小心他们设陷阱捉弄你哦。

每日一问

用半只塑料瓶,怎样制造出蜡烛在水下燃烧的场景呢?

答案在 133 页

小·提示

有一些小蜡烛可以浮在水面上。

吸管,吸管

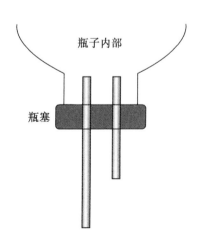

瓶子内部

瓶塞

我打赌你可以用两根吸管和一个塑料瓶子,来清空一个装满水的容器。

首先在塑料瓶盖上钻两个孔,用来插入吸管,把两根吸管中的一根切掉一截,先用面糊之类的东西暂时堵住短吸管。

把瓶子装满水,盖上瓶盖,向瓶中插入两根吸管,直到水刚好从长吸管的末端溢出。在吸管和瓶盖的衔接处涂一点胶,让瓶子有一个良好的密封性。现在可以用一根毛衣针之类的东西把短吸管疏通。一切就绪。

清空一个容器的时候，把装满水的瓶子倒过来，把长吸管插入水中，水就会从短吸管里源源不断地流出……

把单摆变钟摆

接下来的这个小实验是一个在动手中学习的例子。在桌沿边固定一根细线（可以把它系在一把尺上，然后把尺子牢牢地压在一摞书下面），随后在线的尽头绑上一个重物，但是体积别太大（比如一颗螺母、砝码等）。接着将细线拖离垂直方向，然后松开手（不要用力把它甩出去），你会看到它开始摆动了：这就是一个单摆了，加上一根平衡棒，它就能被用在摆钟里了。

现在挑战来了：你要让你的单摆成为一只"秒摆"，意思是，它分别摆到两边的最高位置的时间差为一秒。这么说吧，如果每次单摆到达最高位置的时候，我就高声数："1，2，3，4……"就好像我在数秒。

专家告诉你

从物理学家的角度看，这个单摆的周期其实是 2 秒，因为它两次到达同一位置（就是来回两次）的时间间隔为 2 秒。

你可以通过调整这个单摆来把它变成一个精确的秒表。你会惊讶地发现，与之前想象的不同，无论是单摆开始摆动时的角度，还是所系物体的重量（这点最令人惊讶），都对单摆的周期没有任何影响！只有在你调整了摆线长度的时候，它的摆动周期才会发生改变：单摆长度越长，周期也越长。

在进一步实验之前，我先来简短地解释一下这种现象。当单摆所系的

物体重量不同时,我们会理所应当地认为系比较重的物体的时候单摆下降得更快……但别忘了,重的物体比轻的物体更难移动(因为重的物体惯性大),神奇的是,两种效应互相抵消了!因此,单摆的周期与重物的重量无关。

那么,摆角为什么也不影响周期呢?只要摆角在一定范围内,大约30°左右,单摆的周期是不变的:当摆角增大的时候,路径的确变长了,但是,摆动速度也随之变大了。事实上,摆线越接近水平位置,重物在运动时的加速度也就越大。不过,当摆角太大的时候就不再是这么一回事了,你可以读读后面的"嘀,嗒",看看350年前我们的先人是如何越过这个障碍的。

最后,剩下的参数只有摆线长度了。但是,摆线长度与单摆周期的关系不是简单的比例关系,而是超级简单的比例关系!单摆周期与摆线长度的平方根成比例。举例来说,如果你想让一个单摆的周期减半,你只要把摆线的长度调整为之前的四分之一就可以了。这就是为什么摆钟大致上分为两类:一类是大型摆钟,也就是"弗朗什孔泰钟",它高约两米,钟摆的物理周期为 2 秒(来回的"嘀"和"嗒"之间相差 1 秒);另一种比较小,通常被挂在墙上,它的周期是 1 秒,也就是说它的钟摆是大型摆钟的钟摆长度的四分之一(来回"嘀嗒"一次就是 1 秒)。

值得一提的是,伽利略是第一个关注到这种钟摆现象的人。不过,他的灵感并非是由比萨大教堂里的吊灯引发的,因为直到他搬去了帕多瓦,这些吊灯才被挂上天花板呢!

嘀,嗒

想要把单摆变成一只真正的摆钟,我们还要加一些东西:首先需要一个能量来源,因为摆动过程中摆线、空气的摩擦都会使摆动慢慢停止。在老式的摆钟里,能量的来源是一个缓慢下降的钟锤,当砝码降到最低点的时候,就必须把它重新升上来。稍稍先进一些的机械摆钟用的是发条,发条渐渐放松的时候,就为钟摆提供了能量。

除此之外,我们还需要一个分隔时间的系统,使得里面的钟锤不会一下子落下来,而是缓慢而规律地释放能量。钟摆的作用就在于此:它规律地来回摆动,每摆动一次就会带动钟锤下降(或是发条放松),进而带动连接指针的齿轮转动一点。这种钟摆与指针之间的机械系统被称作"擒纵机构",伽利略在这一方面有所研究,但是,真正的"摆钟之父"出现于伽利略死后的半个世纪,他就是荷兰人克里斯蒂安·惠更斯。

惠更斯真正实现了钟摆的等时振荡,使之与起始的摆角无关。在之前的实验中他发现,当摆角过大时,摆钟会走得慢,因为摆锤摆动的速度变慢了。怎样才能避免摆钟走得慢呢?最简便的方法是,在摆锤向上摆动的同时,使摆线的上端贴合在一个精确的曲面上以缩短它的长度。

这是一个什么样的曲面?惠更斯将它展现在我们的眼前:这是一个旋轮线,它与车轮转动时其上的气阀的运动轨迹相同!看到这里,希望你还没有晕头转向……

每日一问

法国大革命时,人们试图参照钟摆来确定测量长度的单位。这是为什么呢?

答案在135页

小·提示

你可以量一量钟摆的长度(摆动周期为2秒的那种)。

你知道怎样用水测重量吧

准备一个空的矿泉水瓶、一根吸管、一个沉子(比如一小块橡皮泥),以及一块作秤盘的硬纸板。你可以翻起硬纸板的边缘,这样上面就能放一些容易滑落的小东西了。接着,用胶水或橡皮泥把吸管的一段固定在纸板中央,吸管与纸板垂直。接着在吸管的另一端塞上一点橡皮泥,把这端放进装满水的矿泉水瓶里,你会看到吸管垂直地浮在水面上,你可以调整塞在吸管里的橡皮泥的量,使吸管的一大半露出水面。

注意:为了更稳定,你可以把数根吸管固定在一起。

现在,剩下的只有一项工作了,就是给这个天平标上刻度。你可以放上一些已知质量的小东西,然后用铅笔在吸管上每隔1克或是2克刻上刻度。你没有这样的小东西?那么就用基本上相同的小东西替代吧(米粒、豌豆等),事先可以在厨房的天平上称出10颗的重量,你就能计算出重量单位。你还可以用纸张来作为标准物件(裁开或完整的都行):标准情况下($80\,g/m^2$),一张A4纸重5克。

照明的真谛

开灯一段时间后,如果你触摸灯泡的话会觉得很烫,但是,氖气灯就不存在这种情况，为什么呢？

白炽灯，在为我们兢兢业业地服务了一个世纪之后，即将退出历史舞台。的确，与它的外表不同，它产生的主要效果并不是照明。

如果你换过灯泡，那你一定知道，换灯泡前一定要先关灯，等灯泡冷却一段时间。不难看出，灯泡消耗的很大一部分电能最终被转化成了热量。但是，我们开灯并不是为了取暖，而是为了照明，不是么？从这个角度来看，灯泡发热是对能量的浪费，使得这些灯泡的发光效率远远低于100％。

灯泡是一个能量转换器，它将电能转化为光与热。那么，两者的比例如何呢？答案可能与你的估计相差甚远：电能中转化为光能的比例，不是一半，不是四分之一，也不是十分之一，而是5％——仅为初始能量的二十分之一！

冬天尚可，因为取暖器本身也是耗电的。但是在炎炎夏日，想到我们开灯所产生的电费，10元钱里面9.5元都是为了"取暖"而非照明，这就让我们不得不思索一下了……

对付这个难题的利器已经出现了几十年，那就是荧光灯，也被称作"氖气灯"（尽管它里面根本不存在氖元素）或"节能灯"。

节能灯管的发光效率比白炽灯泡要大多了：根据型号的不同，分别高出4～5倍。这虽然还算不上是高效的楷模，但肯定是一大进步，并且这也意味着节能灯基本上不发热。此外，节能灯管的寿命很长，即使买的时候比较贵，总体来说还是非常经济实惠的。不过，使用的时候别忘了几个注意事项。

第一点，就是眼光要好：某些节能灯质量欠佳，所以买的时候不能贪图便宜。价格低廉的灯管往往寿命较短，而且光线苍白、暗淡。

具体来说，质量好的节能灯发出的光应当接近于阳光。你可以选一个大晴天，在阳光下放上一张明黄色纸、一张鲜红色的纸（布也行），观察

它们在太阳下的颜色。然后,到一间不透光的房间里,观察它们在节能灯下的颜色,如果与之前观察的差距过大,说明你的节能灯发出的光与自然光相距甚远,赶紧换一个吧!

最后要注意的一点是节能灯的使用方法。开灯时,灯管一般会过几秒钟才正常发光,这段时间越短,灯泡质量就越好。不过,反复的开关会缩短灯的使用寿命,所以它不适用于人们停留时间很短的地方(比如走廊)。如果你只离开房间 3 分钟,不必关灯,相比你的"环保举动",这样作其实更经济。此外,调光开关也不适用于节能灯。

总之,如果找到最理想的灯管是工程师的任务,那么请你起码试着别用最次的……

温馨·小窝

你想要知道家里的温度,可是没有温度计? 没什么大不了的!

对于那些拥有老式温度调节器的人,也就是说手动调节器,有一个基本的方法可以知道温度调节器所在位置的温度。如果是在冬天,你一点一点地上调锅炉(译者注:这里的锅炉用于私人房屋供暖供热)的设定温度,在某一时刻你会听到"嗒"的一声(比如 22 ℃的时候),代表调节器对锅炉的控制;如果这时锅炉被设定在加热档,它就会开始加热。如果你重新下调温度设定,锅炉会停止加热,比如在 20 ℃的时候。

对于一个电子温度调节器,道理是一样的:一点一点地调高设定的温度,直到锅炉启动。那么室温是多少呢? 它就在两个温度值之间,对应前面的例子就是 21 ℃上下。不用说这个方法四季皆宜,打开锅炉即可。

雕虫小技

事实上,当你下调温度设定的时候,使锅炉停止加热的设定温度(比如19℃)会比当你上调温度设定的时候,使锅炉开始加热的设定温度(21℃)要低一点。为什么呢?因为如果不这样,你的锅炉加热到你设定的温度(就比如20℃),然后停止。温度开始下降(只要打开大门),锅炉马上又开始加热,很快又到20℃,然后停下来,然后温度稍稍下降就又开始,周而复始……

为了避免这种频繁的启动,锅炉会加热到比设定的温度稍微高一点点(比如高1℃),并且会允许温度降到比设定的温度稍微低一点点(19℃)。这在物理学上叫做滞后。现代的温度调节器已经可以避免这一点了。总之,我们可以通过寻找温度调节器启动和停止两个点的设定值来了解实际温度值:它就在这两个值之间。为了验证,你可以把这个温度值和摆在窗口附近的温度计显示的值相比较,当然如果两者相差过多,那你房间的密封性大概要加强一下了。

你可以用同样的方法获知烤箱的温度,当你的烤箱已经热了,但是还没有达到预设温度时(加热指示灯已经点亮)的实际温度:下调温度调节器至指示灯熄灭;上调温度调节器至指示灯重新点亮:烤箱的实际温度就在二者之间。这可以帮助你确定烤箱是否还要等很久才能达到预设温度。用餐愉快!

旅 行，旅 行

开车旅行，往往让人觉得冗长而单调，但是，许多意想不到的游戏也在这里诞生！

每个人都有这样的经历：在高速公路上（或其他地方），明明自己的车已经达到限速，依旧被超车……你也许会认真地抱怨几句。那么，那个冒失鬼的车速究竟有多快呢？从物理学的角度看，答案十分简单。

假设你的车行驶在高速公路上，车速为 130 km/h（恰如其分）。有一辆红色的车（就不说是什么牌子的了）从你身旁呼啸而过，并且还借此吸引车里两个正在吵嘴的姐妹的注意力。估算它的车速其实非常简单，你只要想象一下（不过别走神）你是完全静止的，也就是说假设你的车停在路边，那么你估计刚才从你身边开过的那个疯子……不对，是那辆车子的速度有多快？它的速度是否超过了一个行人（4 km/h）、一辆自行

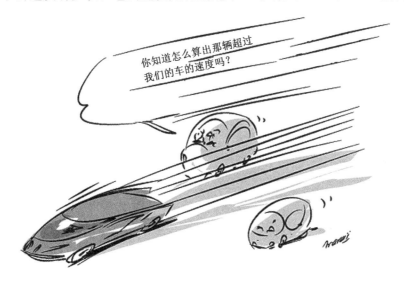

你知道怎么算出那辆超过我们的车的速度吗？

车(20 km/h),或是一辆助动车(40 km/h)的行进速度? 如果更快的话,我就不敢想象了,并且如果超车的那个家伙开得比你快许多,就很难估算他的速度了。

这一估算而得出的车速被称作"相对速度"(就是开快车的那个疯子相对于你的速度),你已经估算出了这一相对速度,这一数字加上你自己的车速,就是那个冒失鬼的车速了。举个例子,如果你估计那辆车是以自行车的速度超过你的,那么它的真正车速就是:130 + 20 = 150 km/h,几乎就可以给他开二级罚单了(135 元)⋯⋯不过,这是他自己的问题,不是么?

反过来,这种方法也适用。如果你在一辆大篷车后面缓慢行驶了15 千米,终于有机会超过它了(谢天谢地!),那么在超车的时候,如果你估计你的车相对于大篷车的速度是 20 km/h,而速度表上显示你的车速是 90 km/h,那么,那只带壳大蜗牛的速度就是 90 - 20 = 70 km/h。小学生都会算,不是么? 不过别忘了,通常我们容易高估别人的速度,而低估自己的速度⋯⋯所以,调速器万岁!

雨中驾车

无论如何,下雨天开车一定要万分注意路况! 所以,我们邀请你车上的一位乘客来帮你完成这个实验⋯⋯测量雨滴下落的速度!

测量时,我们首先假设不刮风(或是风很小),因为风会使测量结果产生误差。如果不刮风,在我们原地不动的情况下,我们看到的雨滴是垂直下落的,对吧? 当我们前行的时候,就会看到雨点的运动轨迹偏向我们,我们前行的速度越快,这个现象就越明显。汽车行驶时,一滴在侧窗的前方自上而下掉落的雨滴，一段时间以后，当它掉落到车窗以下的位置时，不再处于车窗的前方。因为，在这段时间内，汽车已经前行了一段距离，所以它处于车窗的后方。

雨的这种现象，光也有！

为了形象地说明这个现象（象差），我们最常用的例子是一个行人在雨里前行，他必须把伞向前倾以避免被淋湿，并且，他走得越快，伞前倾的角度就要越大。天文学家们熟知，光也存在这种现象，18 世纪，这种想象甚至成为地球转动说的最初证据。

在你的侧窗上，贴上一张方格纸，使它的长 OA 与车窗的垂直接缝平行，接着，画出雨滴的轨迹 OB（见图），然后将一把尺（或者另一张方格纸）放在与 OA 垂直的位置上，移动到一个位置，使得 AB 线段的长度与车速的数字关系尽量简单（比如，你的车速为 90 km/h，而 AB 的长度为 30 厘米）。接着，我们标出 A、B 两点就大功告成了！现在，只要测量出 OA 线段的长度，就能得出雨滴下落的速度！

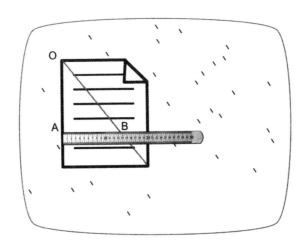

我的测量结果是 OA = 45 厘米，也就是 30 厘米的 1.5 倍，这就意味

着,雨滴下落的速度是车速的 1.5 倍:90×1.5 = 135 km/h。我们可以用两种车速来测量以取得更精确的测量结果……"爸爸,爸爸,什么时候下雨呀?"

数学家告诉你

计算中所涉及的三个量之间有这样的关系:$Vp = Vv \cdot \cot a$。这里 Vv 表示车速;Vp 表示雨速;$\cot a$ 表示以汽车为参照物,雨点轨迹倾斜的角度。AB 代表车速,OA 代表雨点下落的速度,那么 OB 就代表着雨点相对于汽车的速度。

每日一问

是什么保证了云朵的凝聚力呢? 既然云是由小水滴组成的,那么不是很容易消散么? 为什么它们会凝聚成某个形状?

答案在 127 页

小提示

事实上,云朵内部是不存在凝聚力的,请想一想,形成一朵云的小水滴始终是同一批吗?

多普勒效应

声源接近听者和远离听者的时候，听到的声调不同。无须专程去铁轨旁等待火车鸣笛三声，其实我们在生活中也能观察到这一现象：你正在开车，这时候一辆救护车迎面开来，"嘀嘟嘀嘟嘀嘟……"你会发现，救护车远离的时候，这声音变得低沉了，并且救护车开得越快，这种转变越明显。为什么当声源接近的时候，声音变得刺耳，而声源离开的时候则变得低沉呢？

克里斯琴·多普勒对这种现象提出了物理学上的解释，他的假说在1842年被克里斯多夫·阿诺德证实：他请几位小号手在开动的火车上吹一个音，同时请站台上的小号手吹响同一个音，对比两者的声调……如果你想做这个实验也很容易，只要请一个乐手在一辆时速70千米的敞篷车里弹一个"do"，那么当车接近站在原地不动的听众的时候，他们听到的是一个升调的"do"，接着他们会听到一个"si"！

其实，当声音的接收者处于移动状态的时候，效果也是一样的，关键在于声源与接受者之间有相对速度：当声源接近的时候，声波就好像被"压紧"了；当声源远离时，声波又被"拉伸"了。需要注意的是风会改变多普勒效应，因为风速会叠加于声源及听者的速度。

多普勒效应十分常见，它伴随着机械波在介质中（水、空气等）的传递而存在。

多普勒还在显灵

你还是在开车,不过这一次车速过快,突然,一道闪光灯一闪而过,哎呀,你被雷达盯上了。

这种雷达向你的汽车(卡车、摩托车甚至是自行车)发射微波,这些波被反射回雷达上:如果你正在接近雷达(车前测速),那么波频就会比原先高;如果你正在远离(车尾测速),那么波频就会变低。运用多普勒频移的原理,这一电子系统能够很快计算出你的车速,接着,它就会触动行政处罚机制,懂我的意思了吧……

值得一提的是,虽然所谓的"超速宽限值"是 5 km/h,但事实上没有仪器可以测量得如此精确,所以,在法律上,仪器的误差对超速者是有利的。

现在,请你到高处去仰望无垠的星空(当然先把车停下)。1927 年,美国天文学家爱德温·哈勃试图用多普勒效应来丈量其他星系到我们星系的距离,他发现一个前无古人的现象:其他星系都与我们渐行渐远!那么,伟大的哥白尼难道犯了一个错误? 我们是不是宇宙的中心呢? 不,事实上,所有星系都在互相远离!

拿一只气球,吹一点气进去,然后用记号笔在上面做一些标记代表星系,然后用力地吹气进去,同时观察那些记号:它们相互之间的距离越来越远。所以,如果我们在其中的一点上,我们会观察到其他的点都离我们越来越远……

嘭！

尽管哈勃的研究已经取得巨大成果，但是，他还是没有停止前进的脚步。通过一些间接的测量，他又得出一个重要结论：星系都在远离我们而去，且距离越远，远离的速度越大！这个结论使得测量天体之间的距离成为可能。

所有的星系都能被观察到"红移"现象，它标志着这些星系远离我们的速度。但是，哈勃认为，如果我们将这个过程反过来看，也就是如果时间倒流，那么所有星系是互相靠近的，也就是说，必定在某一个时间，所有的星系都在同一个位置！

世界诞生？这种被称为"宇宙大爆炸"的宇宙起源论被媒体广泛报道。现在，这一学说已经成为宇宙学家们的共识。

值得一提的是，宇宙大爆炸理论最初出现的时候，并不为那个时代所接受。就连伟大的爱因斯坦一开始也拒绝接受那个理论，并且改变了它的公式，尽管他自己的相对论当中其实包含着宇宙大爆炸的预言。看来天才也会被偏见蒙蔽双眼，更别说我们了……

每日一问

我们怎样运用多普勒效应来研究太阳的自转呢？

答案在 131 页

小·提示

这里，我们知道怎样在地球上测量太阳自转的速度。

以下的几个小窍门能够帮助缓解我们的勇士们(通常是女勇士们)在大抢购时的疲惫。

往手推车里装水时,每个人(或者几乎每个人)都知道,要明智地把它放在靠近自己的一边而非手推车的另一端。当我们笔直向前走的时候,推车的方法都是一样的,但是拐弯的时候我们就能感觉到区别了。为什么呢? 简单地说,这里涉及一个非常普通的原理,它存在于一切转动当中(转动在我们生活中无处不在):我们称之为"杠杆原理"。

举一个运用到该原理的简单例子:推门。首先,在门把手处推门,然后,在门轴处推。你现在应该理解为什么把手要装在门轴的另一端了吧。

具 体 一 点

杠杆原理的基本含义是:使杠杆转动的力离转轴越远,那么它的作用就越明显。当我们推着手推车转弯的时候,水(或啤酒等饮料)的重量形成了转动的阻力:这里的转轴是竖直的,差不多是在推车水平扶手的中央。离转轴较远的重物所构成的阻力也会越大,我们也要用更大的力才能让推车转弯。

其实,买东西的时候把水放在手推车的扶手下方(篮子外面)更为省力。不信的话,你可以把水放在推车的前端对比一下。

现在我们说说推车转弯的方法。如果你看到了在右边的货架上有你的爱人喜欢的酸奶,那么自然而然地,你会用左手用力向前推、右手用力向后拉,来把推车转向右边。

这个方法是可行的。但是,如何能更加不费力地转弯呢?当然要借助杠杆原理了!你的双手离开转轴(扶手中央)越远,转动的作用就会越显著。你可以试试把手并靠拢,你会发现当你的双手相距仅 10 厘米的时候,你连空的推车都转不动了……这就是为什么当你的手推车里装了许多东西的时候,你无需物理学家的指导,就会自然而然地把双手分开!双手放在推车两侧当然是最高效的方式,但是向前推的时候这样的姿势可能会带来不便……

最后一个小诀窍:现在你要把买的东西放在车的后备厢里,可是你怕在回家的路上饮料会压到水果或是鸡蛋。那么请记住别把您的饮料竖起来放(它的侧面与车身侧面平行),而是要把它垂直于车身侧面放置。

各位顾客,由于近期购买力的急剧下降,我们本期的"清仓大抢购"活动取消。

不是这样

要这样

为什么呢？因为在车里会有两种力使饮料摇晃：加速或减速时产生的前后方向的力，以及转弯时产生的左右方向的力。后一种力的影响更大。所以，如果用以上提到的第二种方法来放置饮料，那么汽车转弯时对它们的影响就会变小，它们也就更稳定了。如果你能把它平放，那么最好不过了。没错，这里用到的原理依旧是杠杆原理。

每日一问

在家关窗的时候，怎样才能更省力呢？注意千万别俯身跌下楼啊！

答案在 134 页

小·提示

要达到最省力的效果，关键在于作用力及其作用的位置。

自行车

看不出来，不起眼的自行车至今仍在引发着物理学家们的思考。他们百思不得其解：这个在静止状态下"摔你没商量"的小捣蛋，为什么在运动的时候就变得乖巧温顺了呢？

　　解答这个平衡难题的是乌克兰科学家史提芬·铁木辛柯（1878—1972，真长寿！），在他 1948 年发表的论文中，阐述了骑车人的平衡是两种相反的力同时作用于他的结果：一是重力，它把骑车人往下拉；另一个反力是由地面以及转弯的骑车人共同产生的。那么，如果我们骑着车笔直向前呢？在这种情况下，一旦我们感觉到失衡，比如向左边倾斜，那么我们会本能地将车头转向同样的方向，这个时候就会产生一股向右的离心力，使车子重新保持平衡。离心力与车速有关，静止的时候车子没有速度，所以我们就不能保持平衡了。论证完毕。

　　那么，不扶着车把怎么骑车呢？

　　现在，请你试着让自行车的车轮竖直地立在地面上不动……难！但是如果你把它往前一推，那么只要速度够快，它在倒下之前还能滚动一段距离。这就是"陀螺效应"，它基于被物理学家们称作"角动量"（"旋转量"）的守恒原则。因此你骑车的时候能不碰车把，连转弯的时候也是……自行车在前行的时候，我们其实一直在（本能地）小幅度地调整姿势以保持平衡，我们的这种调整会作用于车把。当需要转弯时，比如转向右边，我们的身体会倾向这一边，这时地面的反作用力会将我们往左推，而车头的运动趋势依然向右，产生向右的力，这就是我们之前提到过的"陀螺效应"。最后，车把的作用很多，可以帮助转弯、刹车以及在行进中保持平衡。在骑车行进时，倾斜车身产生的力改变车的运动轨迹，让它转弯。这一体系在静止时是极度不稳定的（静止时稍稍倾斜车身，车头转动的幅度就很大），但是在行进中，这种不稳定性帮助我们控制自行车。

　　顺便谈谈我们在蹬踏板的时候用的力：我们腿部用力作用于踏板上，那么这个力如何转化成自行车在水平方向上前行的动力呢？值得一提的是，如果我们站着蹬踏板，我们自身的体重会加大这个力！不过这种被称作"舞者"的骑车姿势只有少数真正的高手才会欣赏。骑车人脚上用的力传递到前链轮上，然后被齿轮传递到后面。齿轮连带后轮转动，后轮作用

于地面,产生一个向后推的力!如果路况不好(潮湿、结冰),地面提供的阻力不够,那么后轮就会打滑;否则,自行车会依靠地面产生的向前的反作用力前进。其实,驱动的原理是通用的:比如,我们在行走的时候,脚对地面产生后推的力,如果脚和地面之间的摩擦力足够,那么地面产生的阻力会使我们向前。阻力让人前行,听起来似乎很矛盾,但事实就是如此。

力、传动与速度

齿轮将力从脚传递到轮子上,但是这个力的价值却要取决于你选择的传动比。如果要参加自行车比赛,最好选择小链轮大齿轮的组合,这样就能使作用于轮子上的力最大化!同样,车启动时加速也是最快的。

如果车的齿轮比较大,用同样的力,车轮转一圈行进的距离变小了。想一想我们把自行车的变速器下调一档的时候:蹬踏板更省力了,可是不知怎么的,前进缓慢!事实上我们的能耗由两个方面决定:所用的力以及行进距离。从物理学上说,当一个力作用在物体上,并使物体在力的方向上通过了一段距离,这个力就对该物体"做功"。我们选择自行车的齿轮,其实就是在权衡力与距离:力越大,距离越短;距离越长,力越小!后面这种情况适用于下坡的时候,因为我们的体重以及车的自重已经把我们向下拉了,所以这个时候可以趁机休息一下,不必踩得太用力……你还可以通过比较蹬一圈踏板之后装着小齿轮的车与装着大齿轮的车的行进距离来了解以上关系。这里用到的原理其实仍旧是杠杆原理。

最后,我们来谈谈有关能量方面的问题。我们所要作的是减少摩擦力,最大化地利用我们消耗的能量(尽管相同距离下,骑车所消耗的能量只有走路的三分之一)。为了减少轮胎与路面的摩擦,最好的方式是缩小轮胎与地面的接触面积,很简单,你只要给轮胎打足气就行了(在不考虑其他安全因素的前提下,这种方法对汽车也同样适用)。尤其要注意小孩子们的自行车,因为小型轮胎更容易瘪掉,所以反而比大型轮胎的摩擦力更大……使用前别忘了确认一下自行车的承重量!

至于减少空气摩擦力,我们可以伏下身贴近把手,穿比较贴身的衣服，戴光滑的头盔，但是，决定性因素还是风的大小。比如，迎面吹来速度为 10 km/h 的风，而你以 20 km/h 的速度（相对于路面）骑行，那么也就是说，对你而言，风速为 30 km/h，这增大了你要克服的"迎面阻力"（系数为 2.25），横向的风也会阻碍你前进，特别是当你骑得很快的时候……总之，如果今天刮大风，那你还是骑室内健身自行车来锻炼身体吧，起码不用在筋疲力尽的时候再把它骑回家。

每日一问

为什么上坡时明明应该选择大齿轮，可是却用小链轮？

答案在 137 页

小·提示

想一想能量（或功）、力、运动距离三者之间的关系。

向左，转

如果说我们害怕在森林里迷路，不是因为吃人的大灰狼，而是因为我们担心有可能一直原地打转。一起来看一个简单的实验，你会需要再叫

两个朋友,就像下面说的那样。

　　到一个平坦开阔的地方,草地或者花园。选一个人蒙住双眼,告诉他要参加一个可以让他长见识的实验(当然长什么见识他还不知道)。他要做的就是走到另一个离他有一定距离(至少 50 米)的人那里去。让你的受害者原地转一两圈,然后让远处的人开始指示他,直到两个人完全面对面为止。当远处的指示停止的时候,我们的"盲人就可以开始了"。绝大多数的情况是,他总是错过目标,而且经常偏到左边去……为什么?

　　这一倾向源于人的身体并不是完全对称的。具体来说,我们总是有一条腿比另一条腿更强壮,甚至更长。虽然难以察觉,但是很有规律,我们的一条腿会比另一条腿更用力踩地,于是乎我们开始转圈。右腿比较强的人,虽然并不一定都是右撇子,会把自己推向左边一点:也就是刚才游戏的结果。当然了,也有一部分人是倾向右偏的。这也许就是我们在迷路时无休止争执的根源!除此之外,我们的"主眼"也是一个重要决定因素,因为它会本能地将我们引向它所在的方向。当然,在日常生活里,我们的大脑会进行矫正,不过必须有方位标记!

听听这个!似乎人类都是一条腿长,一条腿短的……

科普知识

嘻嘻!

哈哈!

这就是为什么当我们迷路时，我们希望一路向前，却最终发现自己在兜圈子。失去一只眼睛的动物刚开始总是会朝另一只眼睛的方向走，只有在经历一些打击之后才会矫正过来。不过，如果你想在最爱的宠物身上做实验的话，我可不负任何责任……

省油之道

今天，谁不希望自己的车越省油越好呢？事实上你完全能做到这一点，但不是随便用什么方法都行，又一次地，直觉与常识并不能为你提供最好的建议……

停车时间只要超过30秒，开着引擎就会更耗油，特别是在遇红灯停车时，关闭引擎划算多了，只有少数老式车款才会在启动时更耗油。停车时还要注意其他信号灯，这样你就能容易地知道自己该什么时候启动以免耽搁别的车。如果遇到交通堵塞，应该根据前方远处的状况来决定是否要关闭引擎，因为太频繁地关闭引擎会磨损车的发动机。

如果你十分擅长利用"弹弓效应"紧随前车行驶，小心了！车手汉弥尔顿在F1车赛中用到的技巧在寻常道路上是十分危险的：如果你想从"弹弓效应"中受益，你必须与前车的距离保持在3米之内，否则该效应就会极其微弱了。不过，相比追尾事故（急刹车的情况下后果更严重）的风险而言，凭借此效应省下的那一点点汽油就微不足道了，还没算上近千元的维修费以及驾照被扣除的点数……

同样的，下坡时空挡滑行或许能为你节省一点小钱，但相对于用其他更合理的方式（比如少开空调和暖风机可以让账单上的数字下降10%～20%），这点小钱几乎可以忽略不计。更别提它的风险有多大了：发动机

制动有时关乎生死啊!

事实上,省钱的方式大致分为三类:与车型有关的、与驾驶方法有关的,以及……与到底开不开车有关的。

我相信,第三类方式的效果是显而易见的!比如,去离家200~300米的地方买面包的时候,走着去或是骑车去都会比开车去更环保、更有利健康、更……省钱。

你的车其实可以成为一个省钱大户:你的车顶上一直放着行李箱?那么每10 000千米它就会耗费100~300元。直到出门度假前一刻才确认车轮是否充满气?50~100元。后备厢里一直散乱地放着一些东西?150元。操作不当造成化油器不够高效?100元。如果你开车的频率比平均水平高出一倍,或是你的车型很大,那么,以上这些数字还要翻上1.5~2倍。

从物理学角度来看,骑车耗能的两大原因是机械摩擦(引擎、传动)以及轮胎/空气摩擦。当速度加快时,与我们预料的相反,第一种摩擦力减小了,这归功于润滑剂在车速加快时起到的作用。不过,当车速加快时,地面及空气与轮胎之间的摩擦力就会大大增加。所以,要取得最好的效率,适当的妥协必不可少,其实引擎在适中的转速下(通常为2 000转/分钟)才会达到最大功率。

最重要的三个建议是:一、开车时要心平气和,别突然加速或减速:省油10%~20%。二、保持"中庸",当达到2 000转/分钟时,即可换挡:又省下20%。最后要保持头脑清醒,不紧不慢:对于发动机汽缸工作容积为1 600的车来说,速度最好控制在70 km/h;如果发动机汽缸工作容积为1 300,那么速度最好控制在80 km/h。当你在限速为90 km/h的公路上开车的时候,每10千米只不过多用1分钟!如果在高速公路上开车,那么以20 km/h而非130 km/h的速度行驶300千米,仅仅多花了一刻钟。这样做除了能缓解你的紧张情绪,还能为你省下5元钱呢,可以用它来买杯咖啡或是买个三明治呀……

冰火两重天

流汗, 酷

为什么我们觉得热的时候会流汗呢？因为汗液主要是由水（盐水）组成的，水蒸发的时候我们会觉得凉爽。实际上，蒸发需要吸热才能进行。

我们可以通过一个非常简单的小实验来切身体验到这个原理。取一些酒精、乙醚，或是其他挥发性强的液体，放几滴在脸上或是手臂上，别抹开。然后走到开着的电扇前，或是让别人朝你轻轻吹气。感觉到凉意了吗？但是别人吹出的气却是热的！

我们也可以用这个方法测出风向：将湿漉漉的食指在空气里停留一段时间，最凉的部分就是迎风的那一面……

在两个一模一样的瓶子里装上温水，然后用湿布包裹住其中一瓶，接着把两个瓶子放在太阳底下。几分钟后，你会发现包着湿布的那个瓶子里的水凉得更快（即使布里的水是热的），为什么呢？

与出汗的原理相同：水蒸发吸热，使瓶子变凉，正如它把体表的温度

我只需沾湿手指，就能准确地告诉你风向……

降低几度，让我们感到凉爽，这就是为什么我们在用力后会出汗……

小心烫到

　　从冰柜里拿出三块大小相同的冰块，分别放在一个小金属盒里、一件毛衣或一条羊毛围巾上、一只小碟子上。然后出去遛一圈，一小时以后再回来，看看哪块冰会最先融化？

　　如果这不是你第一次阅读此类专栏，你会开始不相信自己的直觉（你是对的，不相信直觉是成为一个真正的科学家的首要戒条）。我们本能地会回答说放在温暖的羊毛织物上的冰融化得最快，但实验却得出截然相反的结果。最先融化的是放在金属盒里的冰块，其次是放在小碟子里的，而最后融化的是放在羊毛织物上的。

　　这牵涉到绝缘性或传导性，但羊毛以一种不同寻常的方式用在这里，

导致了我们本能推演与事实的矛盾。

在冬天如何御寒？相信你体验过贴近玻璃时的那种冰冷感觉：这是因为热量自动从温度高的物体（在这儿，是房间和我们）流向温度低的物体（这儿指外面）。因此它也符合一个非常现实的现象，当我们打开法国电力公司和法国天然气公司邮寄的免费信件时，就是这种寒冷使我们的屋子降温，把我们冻得跟被掐住了脖子似的。

我们戴上围巾以便保暖，也就是说为了防止热量从我们的身体散发出去，这是我们利用了羊毛的绝缘性。但在"羊毛上的冰块"这个事例中，羊毛隔绝了热量从外部空气（温度高）向冰块（温度低）的传递，由此羊毛作为阻碍物隔绝了外部热量，防止了冰块融化。而金属盒却是一个良好的热导体，它当然也就起了相反的作用。

那么怎样才能节省取暖用的能源呢？这有点像是要让漏得跟筛子似的大盆子始终盛满水，我们要时不时地打开能源的"水龙头"来减少热能损失，来应付这种情况。类比到此为止，因为就算我们有一个没有漏洞的盆子（还有一刻不停地蒸发……），从自然法则上来讲，也不可能完完全全把温热的身体从寒冷的环境中隔绝开来，反之亦然。

所以说，至少试着把热能损耗降到最低，尽可能地阻止热量通过无处不在的导体散发出去（例如通过门窗、墙壁和屋顶等）。为了达到这个目的，我们可以强化"障碍物"，把表面刷成最为绝缘的浅色：我们使用热传导效应差的建材，比如木头、聚苯乙烯……最理想的绝缘体是绝对真空，但很难运用到实际生活中，成本也很高。退而求其次，人们改用空气：它是免费的，这一特性是其他绝缘材料（比如聚苯乙烯、石棉等）所没有的。

在双层玻璃中，人们通常充入一些如氩之类的惰性气体。在用于建造现代建筑的水泥砖块里，砖孔中的空气也可用作绝缘材料。简而言之，双层玻璃门窗的隔热本质来源于……两层玻璃之间的空隙。当然还要注意，门窗的其他部分也要有良好的隔热性，否则所有的热量都会从那儿溜

走(这会是座"导热之桥"),那么可图之利也就微乎其微了。

在这样的条件下,怎么才能有效隔热呢? 直觉告诉我们,既然涉及阻止逃离的热能,阻碍物体越厚效果就一定会越好! 确实,绝缘性能,或者人们也可以说是隔热优异程度与厚度成正比(至少乍看之下是这么回事儿):厚度翻一番,隔热程度翻一番。在传统双层玻璃中,玻璃之间的绝缘体(空气)一般是 3 厘米。

然后呢,为什么要在这条正确的道路上戛然止步? 为什么不把这间隔扩大到 6 厘米,甚至 10 厘米? 这并不会贵到哪里去,还会大大提高隔热性能。显然,我们要适可而止,否则的话我们的住所和办公室就要安上里外超过 10 厘米的巨型窗户了。然而双层玻璃的间隔从来不会超过这著名的 3 厘米,这当然不是巧合……一种新的传递热量的模式就此登场,在下一篇章里会详细介绍,这甚至会牵涉到自己滚动的纸带卷呢。

从土拨鼠的地洞到双层玻璃

从热水说到闪耀的太阳,接下来所要讨论的主题尽管不一定全球通行,但也十分普遍。事实上,它涉及一种热传递方式,这种方式在我们的日常生活中以及其他方面都极其常见。

首先说说一个十分简单的现象:在暖气片上方的墙面或者玻璃上贴上湿纸片,你会看到它有规律地慢慢卷了起来。说个更好玩的,在暖气片上挂上一卷湿润的纸带,你会发现它自己开始滚动了……以前圣诞节的时候,一些用蜡烛和小转台制成的小玩意儿能奏出美妙的音乐呢……

你或许已经知道,这种热传递的方式叫做"对流"。与"通过"物质传递的传导方式不同,热"伙同"物质传递,因为物质受热开始运动,随即把能量从热的地方输送到冷的地方。这就是为什么只要有一个热源(比如暖气片或是热对流器),就能温暖一整个房间:空气受热上升(纸卷因此滚动),它原来所在的位置被冷的空气所取代,这一部分空气又被加热、上升,然后降温,周而复始。太阳的外部圈层也是通过对流来由内而外地传递能量的。这样,来自太阳的光和热才能到达地球,拍打着躺在沙滩上的人们,融化着冰雪(千年冰雪也不例外),并且能让我们享受到种植秋海棠的乐趣(归根结底,因为阳光,我们才得以生存)。

不过,这种以循环形式在两个温度不同的区域内进行的物质运动,必须要在一定的条件下才能实现。简单地说,就是需要足够的温度差以及足够的空间来允许物质运动。相信你能理解,只要双层玻璃的两块玻璃之间的厚度不超过几厘米,那么里面的空气就不会运动,而它较弱的导热能力也起到了隔热的作用。如果两块玻璃之间相隔很远,那么一旦室内室外的温度差足够大,双层玻璃内的空气就会开始运动,通过对流将室内的热量传递到室外。冬天可就够呛了。正是由于对流现象的存在,我们才要限制两块玻璃之间的距离。

在夏天,以上的道理也同样适用,因为我们要将凉爽的室内与炎热的室外隔开,尽管那时室内外的温度差可能不像冬天里这么大。

那么,这一切与土拨鼠又有什么关系呢?实际上,这与所有穴居动物(兔子、鼹鼠等)以及住在"巢穴"里的动物(比如蚂蚁)都息息相关。

穴洞一般有两个入口(或是出口,视不同时间而定),分别处于不同的高度上。当动物处于巢穴底部时,它呼吸周围的空气,而它的体温使这部分空气受热上升,从高处的洞口排出去,同样由于对流现象,这部分较为浑浊的空气被从下方洞口涌入的新鲜空气替换,这一过程周而复始,形成了一个自动通风系统。这样,这些小动物就可以在巢穴里享受新鲜空气了。别看它们小,智慧真不少。

每日一问

飞机是否要依靠对流来飞行？抑或是依靠风来飞行？

答案在 127 页

小·提示

想一想飞机在没有对流的空气中能否飞行？

普通水还是汽水

　　将一瓶汽水冷冻一会儿（别太久，你会知道为什么的），一旦它结冰了，就把它从冷冻柜里拿出来。在它融化时，你会看到它不再带气了，而且瓶底有一些沉淀物。我注意到，几乎全部的充气饮料，无论是否含酒精，溶解于其中的气体都是二氧化碳：在一升水中我们可以溶解 22 升二氧化碳气体……然而，水并不会很好地吸收这些气体，一旦温度下降，二氧化碳气体的可溶性也就随之减小了，那些以离子状态溶解于水中的矿物质也是如此；这些由碳酸盐合成的化合物非常难溶解，所以就算水回到了原来的温度，它依旧保持稳定。总之，冰冻之后，汽水里的气没有了，一些沉淀物形成了。你可以分别用几乎不含矿物质的水以及含大量矿物质的水做同一个试验，对比之下，区别立现。

每日一问

为什么游泳健将们都身材高大呢？

答案在 129 页

小·提示

这与他们锻炼出来的肌肉类型有关。

从冰融化到水结冰,还有什么比这更平凡的吗?此话不假,但是平凡并不等于简单:平凡之下有玄机。

想看一个例子?那么请将一小块冰放在一个金属锅盖上,再将另一块同样形状的冰放在木板上,哪块先融化?金属锅盖摸起来比木板凉多了,所以放在金属盖上面的冰块似乎应该先融化……但是,试验结果却恰恰相反。根据以往的经验(参看"小心烫到"),我们关于热学方面的直觉往往是错误的。为什么这么说呢?这是一个我们根据以往经验先入为主地作判断的典型例子。

总结一下:用毛衣裹住的冰块比暴露在空气中的冰块融化得更慢,因为羊毛能"保存热量"!是的,不仅如此,它还能"保存冷气"……羊毛本身是一种"隔热体",防止热量传导;那么,热量又是如何传递的呢?这就要问你了。当然是从较热的地方向较冷的地方传导了!冬天里,羊毛纺织热量从我们的身体跑到寒冷的外界去。

那么,我们是否能穿件大套衫来保护我们免受高温炙烤呢?可以,不过前提是外界温度高于我们的体表温度(约 35 ℃),羊毛防止热量从极热的外界传递到我们温热的皮肤上。生活在温度为 40 ℃～50 ℃的沙漠中的贝都因人深谙此道,为了减少由空气带来的燥热,他们用长袍将自己严严实实地裹起来。

用毛衣包住冰块用的也是同样的原理:毛衣形成了一道热传导的屏障,阻碍空气里的热量传导至冰块。

不过……

对于大理石或是瓷砖而言,情况则略有不同,因为它们虽然是隔热体并且摸起来冰凉,但是在这里却表现出另外一种特性,就是"热容量"。

如果你触碰一个刚刚从热炉子里拿出来的碗,你会被烫到;但是如果碰碰在同一个炉子里的铝纸,却毫无感觉。铝纸储存的热量很少,我们几乎感觉不到;但是在炉子里加热过一段时间的盘子就完全不一样了!它储存了大量的热量,能够轻易将你烫伤。

大理石的储热能力也很强(著名的"热容量"),所以比起木头或是塑料,你用手的热量加热大理石要难得多,它依旧是冰凉的。原来不出厨房就能学到这么多物理知识呀……

那么,为什么在金属锅盖上的冰融化得更快呢?原理相同:因为金属是良好的导热材料,它会将空气中的热量传导到冰块上,促进其融化,而木板就不会这样。

当我们触摸金属制品时,产生的现象也是一样的:它们依旧冰冷。你会发现在同一个厨房里的大理石、瓷砖的冷热,与木头、塑料的冷热程度截然相反。这与温度无关,而是因为任何物体在一个房间里放置一段时间,都会达到"热平衡"的状态。也就是说,它与该房间的温度一致。但是,金属善于导热,你皮肤上的热量很快被它传导出去,于是皮肤与其接触面的温度就降低了。

你可以用聚苯乙烯来对比一下,它的导热性非常差(主要由于它内部含有的空气):当你把手放在其上一段时间,你会发现你所感受到的热度只不过是你自己皮肤的温度,聚苯乙烯的导热性极差,所以热量不会从接触面传导出去。

热 与 电

说到导体，你是否注意过导热体与导电体之间的关联呢？或者隔热体与绝缘体之间的联系？如果你将你所知道的列出一张单子的话，你会发现……两者是一样的！金属，良好的导体！塑料，良好的绝缘体（即使我们现在已经知道怎么生产塑料导体了）；木头、空气，绝缘体；这类例子还有很多……

以上并非巧合：准确地说，在所有情况下，导体中都是"导电的电子"引发热传导（以无序运动的形式）以及电流（以整体运动的形式）。某些物质的化学结构决定着其中不存在电子，那么这些物质就是绝缘体。这也解释了，真空是最好的绝缘体，但是太阳的光和热还是通过它来到了地球（地球真幸运……）

每日一问

为什么我们在极冷的时候触碰金属，皮肤有时会"粘"在上面呢？

答案在 136 页

小·提示

我们的皮肤总是多少有些湿润的。

看不见的水蒸气

一个普通的高压锅就能帮助你重新认识水。

每个人都自以为知道水蒸气是什么,不就是锅里的水开了,锅上面冒出来的白雾嘛,或者就是不时遮住太阳的朵朵云彩,再不然就是大冷天嘴里哈出的气……这些观察都很好,只是它们都有一个"小"缺点:和我们要说的水蒸气毫无关系!

为什么呢? 只要你不是身处非洲阿尔及利亚境内极度干旱的阿哈加尔大沙漠,又正巧碰上了烈日当头的正午时分,那么可以肯定,你周围的空气是有一定湿度的。这又意味着什么呢? 其实,你呼吸的空气,也就是包围着我们每一个人的空气,包含着一定的"水分",也就是水蒸气。可是看看你周围,你看见水蒸气了吗? 我们看不见空气,同样也看不见包含在空气里的水蒸气。像大部分的气体一样,空气和水蒸气完全是看不见的。说到这里,你并不惊讶吧? 除了……脑海里浮现出的一个大问号:如果水蒸气看不见的话,那么云又是怎么形成的? 还有我们在开水锅上面看到的白雾呢?

为了弄明白这个问题,拿出你家里的高压锅,倒点水进去,盖好锅盖,关好阀门,开始加热。当阀门开始转动时,打开阀门,注意了! 仔细看看阀门口上面一点点的地方,也就是离阀门口 1 厘米的地方。你看见什么了? 什么也没有。那么这个地方究竟有什么呢? 有刚从高压锅里跑出来的水蒸气,再往上走,它就变成了由热水滴形成的白雾,你可以把手放在离开阀门 30 厘米左右的地方(为了安全,手千万不要离阀门太近),感受这热的白雾,也不会觉得烫。

也就是说,刚从高压锅里跑出来的水蒸气(非常烫)是看不见的,但是再往上走,它的温度降低,就变成了小水滴,形成了我们看见的白雾,通常我们会错误地把这白雾叫成水蒸气……实际上,我们看见的白雾是遇冷凝结的水蒸气,那么遇冷凝结的水蒸气又是什么呢? 就是水,液态的水(把手放在高压锅上方的白雾里,手会变湿,可以证明这白雾就是水)。

是不是说,只有当水蒸气是热的时候,它才看不见呢? 不是的,因为水蒸气以各种温度存在于空气里,无论温度高或低,它始终看不见。只有它放热凝结以后我们才看得见,比方说当你在大冷天里先吸一口气,你吸进来的空气里有看不见的水蒸气,可是当你把这口气呼出来时,外面很冷,水蒸气于是放出热量而凝结,从而形成了小水滴,也就是我们看见的哈气……

水的故事

如果有一天外面特别冷,找块玻璃,对着它呼气(你也可以直接往屋子的玻璃窗上呼气,效果更好,因为玻璃窗特别凉),上面会形成一片水汽。现在我们再说说另一个现象,冬天时,一个能容纳三个人或者四个人的小汽车里如果坐满了人,不一会儿,车窗上会出现什么? 水汽。另外,如果车里的人都气喘吁吁,大口呼吸,水汽肯定会出现得更快……

我们知道,可以看见的水汽绝不会是水蒸气(水蒸气是看不见的,没记住这一点的人请回头重读上面一节"看不见的水蒸气");所以这片水汽是水蒸气遇冷凝结以后形成的液态水。如果一个东西是看得见的,那么这东西绝对不可能是水蒸气!云呢?液态水。雾呢?液态水。那从开水锅里冒出来的白雾呢?液态水,液态水,我已经对你说过好几遍了……

所有的水汽和雾气都是液态水,我们之所以无法接受这个结论,是因为在我们的印象里,液态水只能是流动的(比如说水龙头里流出来的水),或者是从天上落下来的(比如雨水)。事实上,液态水可以是极其微小的水滴,而且很多情况下,液态水就是以小水滴的形态存在的;由于这些小水滴十分细小,它们可以悬浮在空气中,或者通过蒸发变成水蒸气,或者和其他的小水滴汇聚在一起,形成较大的水滴,达到一定的重量后,就会变成雨滴从天而降。

总而言之,水有三种形态:"硬邦邦"的水(固态),可以喝的水(液态),还有看不见的水(气态,也就是水蒸气)……

处世低调的气体

几乎所有的气体都是看不见的。蒸汽锅的名字其实起错了,因为从锅里冒出来的既不是气体,也不是蒸汽,而是液体……

按下打火机的按钮,别点着,看看里面出来什么了?你什么也没看见。里面出来的其实是天然气(我们的炉灶也用它做燃料),它也是看不见的;我们之所以能感受到天然气,靠的是空气里的一股怪味,这气味和大热天的柏油路散发出的气味很像。

我们烧饭用的管道天然气里加入了硫(这对环境当然会造成一定的破坏);这是为了让管道天然气有一股怪味道,万一泄漏,可以及时发现……那么烟又是什么呢?烟通常是各种液体小颗粒和固体小颗粒的混合物(其中可能还混有看不见的气体),香烟燃烧产生的烟可以固定在刀子上面,把刀子熏黑,这些黑色的东西大部分是碳分子。

给温度计降降温

每家每户必备的一个常用工具是：温度计。但是我们现在不用它来测量温度，而是作一个特别的实验。我这里所说的温度计是老式的液体温度计，不是现在大医院里用的电子温度计；还要注意了，也不能用水银温度计，就是里面的液体是银色的那种温度计，因为水银有剧毒，十分危险。

我们经常听说只有温度并不能判断天气冷热，因为湿度也起着相当重要的作用。确实如此，所以美国的天气预报除了温度之外，还会预测大气湿度。在阳光大好的日子里，你会发现，只测出温度而不考虑湿度是没什么用的。

首先把你的温度计放在太阳底下，然后等待液柱稳定下来，不再上升；上面显示的温度居然可以达到 50 ℃！当然了，测量温度要避免太阳直射，应该在阴凉处进行。同样是这支温度计，在阴凉的地方显示的温度就低得多了。

还是把这支温度计放在阴凉处，但这次在温度计下面垫一张白纸，等液柱稳定下来后，记录下温度；然后把白纸换成黑纸，记录下温度；比较两个测量结果，你会发现测量出的温度上升了！我们总说，穿黑色的衣服吸引不了别人的热烈注目，但是黑色确实能吸收光照，也就是热能。相反，白色是反射色，不吸收光照，因此白纸上的温度计测出的温度会比较低。现在你知道了吧，为什么我们夏天要穿浅色的衣服，而冬天却要穿深色的衣服？

再来用温度计测一下温度。把它放在阴凉处，用硬纸片轻轻地对着它扇，直到上面显示的温度稳定下来，不再变化。记录下这个温度，然后用湿的纱布或棉花把温度计的下端包裹住（但是也不要太湿）。重新放回阴凉处，像刚才一样对着它扇风，看看这回的温度：比起刚才干着的时候，

科学魔法师
57 个令人惊奇的科学实验

温度下降了好几度！

这是纱布或棉花上的水造成的，水蒸发时带走了热量，从而使温度下降。这就是为什么三伏天时，除了要多喝水以外，还可以通过用水擦身来降温。

又热又潮，还是又冷又干？

事实上，虽然你自己不知道，可是通过上面的实验，你已经测量出了空气的湿度，因为这两次测量的差值已经可以帮助我们推算出空气的含水量：如果第一次测出来是 22 ℃，而第二次是 14 ℃，科学家告诉我们，此时的空气湿度为 40%。如果第二次测出来是 18 ℃，那么湿度为 67%……

两次测量相差越大，说明空气越干燥；如果差值小于 15 ℃，大于 10 ℃，这说明空气很干，几乎不含水分；如果差值很小，说明空气很潮湿……至于下雨天就更不用说啦！

每日一问

我们用摄氏度来表示温度，而英国、美国采用的却是另一种方法：华氏温度（尽管摄氏温度才是国际通用的测量方法）。华氏温度是怎么测量温度的呢？

答案在第 137 页

小·提示

就像摄氏温度一样，华氏温度也是通过确定两个固定的温度点建立起来的。

烧开水

烧一锅水。大约在 50 ℃时，气泡出现了，它们其实是空气：由于水的温度上升，水中溶解的空气分离出来了。接着，水开始"唱歌"了。锅最热的地方，也就是锅底，形成了水蒸气的泡泡，这些声音就来自这些气泡。当这些气泡从最热的锅底上升，它们会遇到上面温度较低的水而收缩，一直到破裂，于是发出了这些声音，如果你不断加热，这些声音会越来越多，越来越响，最终连成一片。当温度足够高，产生的气泡足够多，小气泡会聚集在一起变成大气泡，我们称之为"沸腾"。

可是为什么气泡都是圆球形状的呢？因为有一条很重要的物理法则在起作用：大自然总会尽量节省能量（所以说大自然里很多东西都是圆球形的，泡泡特别受大自然的偏爱）。在这里，为了节省能量，表面积就应该最小，而体积一定时，圆球的表面积是最小的……所以锅里冒出的气泡是圆球形的，太空飞船里的宇航员们喝的饮料也都是圆球形的。埃尔热（什么，你不知道谁是埃尔热?！好吧，他是著名的比利时漫画家，画过一部大名鼎鼎的漫画《丁丁历险记》，现在你知道他是谁了吧）在《丁丁历险记》里描绘了宇航员的生活，他也注意到这个细节（如果你没看过，赶紧去看，名字叫《月球探险》）。

别忘了，下次煮面条的时候，一定要盖上锅盖，这样可以节省 20％～25％的燃料费。因为你烧了很多天然气，使水从 20 ℃上升到了 100 ℃，可是与此同时，你也烧了不少的天然气，让水白白地变成了水蒸气……如果你让这些水蒸气跑出来，你就浪费了它的热能，所以你要多煮很长时间。

另外，煮面条或者煲粥时，如果水已经开了，可以把火关小，不需要再用大火煮，用大火就是在浪费天然气，只会增加温室效应。因为不管锅里的水是大开还是小开,沸腾得厉害还是不厉害,水的温度始终是 100 ℃,不会更高了……用小火就可以让水保持沸腾状态。

地球人!
快盖好盖子,
你们正在破坏臭氧层……

每日一问（实验题）

假设你现在坐在一个小船里,小船漂在湖上,你手里拿着一块大石头。现在你把这块大石头扔进湖里。请问,湖的水平面是上升还是下降?

你可能有三种答案,为了检验哪一种是正确的,我建议你亲手作一下试验。需要准备一个不太大的水杯(比如不锈钢杯子)、一个塑料小瓶(平时家里吃完的药瓶就可以)、一个比较重的物体(注意,不要太大,要能放进塑料瓶里,还要不怕水浸的,金属的指甲刀是个不错的选择)、一

支记号笔。先在水杯里倒入适量的水,把那个比较重的物体放进塑料小瓶,拧紧(不要让水漏进去),放到水杯里,塑料小瓶浮在水面上不动以后用记号笔标出水平面的位置。现在把塑料小瓶里的重物拿出来放入水杯(它肯定沉下去了),把塑料小瓶盖好拧紧,也放入水杯。看一看,此时的水平面是在刚才你作的标记的上面还是下面?注意,结果可能非常出乎你的意料,而解释起来就更困难了……

答案在第 133 页

小·提示

这个问题可没那么容易!别忘了,沉入湖水的石头排开的水的重量比石头的重量小(所以石头沉下去了)。

从地下到天上

宙斯的雷电

如果你不知道宙斯是谁,那你肯定不知道我接下来要说什么。宙斯是希腊神话里最高的天神,他有一根权杖,可以发出雷电,十分厉害,惹怒了他可不是什么好玩的事情!所以……对了,我要讲的是雷电。

每到夏天,我们每个人至少都会经历一场暴雨,现在我们就来说一些有关暴雨和雷电的好玩的事情。

首先,最简单的就是:看见一道闪电落下后,计算出闪电离我们有多远(虽然这很简单,可是很少有人会实践,而真正理解计算原理的人就更少啦)。

你可能会想,这有什么好算的?因为闪电又没什么好怕的(现在它再也伤不到人了);可是闪电不会独来独往,闪电过后就是暴雨,所以算出闪电离我们多远,就可以知道暴雨离我们是近还是远了,这还是挺有用的吧……应该说很有用才对。计算方法特别简单,即使数学很差的人也绝对没问题:看到闪电后,开始数秒数,直到你听到响雷声为止。我举个例子,看到闪电后,开始按着手表上秒针走动的速度数:1、2、3、4、5、6,"轰隆"!一声雷响,惊天动地,简直可以和巨神图塔蒂斯(法国人的祖先凯尔特人的战神和保护神)的吼声媲美。然后我们把这个数字除以3,就得到闪电离我们有多少千米了。在刚才我举的例子里,6除以3等于2,所以闪电是从2千米的地方落下来的。如果你想知道为什么这么算,请耐心地看完本节最后一段。

回过头来"看看"我们的闪电(可别靠得太近)。我们一般认为,闪电产生于天空和大地之间,这个想法其实不准确,绝大部分闪电产生于云和云之间。实际上,一次闪电要闪两次,也就是由两个组成部分——"先导"(大量的负电荷被释放出来)和"回击"。只不过这两次闪中间隔的时间太短,肉眼无法分辨出来而已。

让人害怕的数字

通过雷声,我们可以大概知道闪电的长度。如果你仔细听,你会分辨出雷声可以分成两个不同的阶段:第一声雷鸣,声音最响,之后则是比较低沉的"轰隆"声,其实就是第一声雷鸣在云层和大地之间的回声。

我们要研究的是第一声雷鸣,假设它持续了 2 秒钟。简单地说,闪电开始时雷鸣也开始,而闪电结束时雷鸣也结束。我刚才给大家举的例子里,第一声雷鸣持续了 2 秒钟,每秒钟声音可传播 340 米,所以闪电的长度为 $2 \times 340 = 680$ 米。好长的闪电,可是没有什么好吃惊的:我们曾经看到过几千米长的闪电呢……

不过要注意了!每厘米的闪电至少有 3 000 伏的电压,所以每米的闪电就有 300 000 伏的电压……现在你可以自己算一算,我们刚才说的那个长 680 米的闪电又有多少伏电压……结果肯定有几千万伏,能产生多少能量呀……可惜这些能量很难为我们所利用,因为它们太大了,而且是在极短的时间内释放出来的。

当我们在野外遇到雷电交加的暴风雨,最不应该作的事是什么? 站在一个突出物(山丘、树)的旁边绝对不可取,也绝对不要站在水泽旁边。另外,双脚也不要站得太开,因为随着两脚间距离的增大,它们之间产生

的电压也会增大！曾经有过报道，一些奶牛仅仅因为四只蹄子间的距离过大而被电死，这时候产生的电压甚至可以电死一头强壮的公牛。当我们在野外遭遇雷电交加的暴风雨，又找不到躲避的地方时，最安全的姿势就是蹲下来（可不要躺下，也不要把身体伸展开），双脚并拢，远离突出物，远离水泽。最好不要走动，但是如果你真的需要，尽量把步子放小一点……

我们还要再说一说声音。假期旅游时，你可能会来到一个有回声的地方。用下面的方法可以算出你离产生回声的崖壁有多远。大叫一声，然后数一数你的叫声和回声之间的间隔有多少秒。比方说这个间隔是 1 秒，崖壁和你之间的距离为 $0.5 \times 340 = 170$ 米。为什么声音的传播速度

每日一问

也许你知道，避雷针是由本杰明·富兰克林（这个富兰克林可不是那个大名鼎鼎的美国总统富兰克林·卢瑟福）发明的。可是它的普及却是一波三折：在法国北部的一个小镇圣奥梅尔，镇长坚决不同意一户人家安装避雷针。房主只好请来一位年轻的律师做辩护，这位年轻人当时还不出名，可是几年后他却成了政治界的一名风云人物。年轻的律师替房主打赢了官司。你知道他是谁吗？

答案在第 133 页

小·提示

这个官司是在法国大革命前几年发生的。法国大革命期间，1794 年，他悲惨地死去了……

要乘以 0.5 而不是乘以 1 呢？因为你中气十足的叫喊声要先到达崖壁，才能反弹回来（顺便说一句，你也许会发现，不管叫得有多响，你声音的传播速度也不会变快），也就是说，你的声音经历了一个来回。唉，就像假期旅游的你，去了还得回来，来来回回可真烦……

知识小·扩展

　　根据声音的传播时间计算距离的方法十分简单，多亏了声音大小适中的传播速度。相比之下，光速非常快。光的传播速度是如此之大，以至于在闪电产生的一瞬间，我们的眼睛就看到它了。声音的传播速度就小得多了：只有 340 米/秒，在我们刚才举过的例子中，6 秒钟以后雷声才传到我们的耳中。

　　也就是说，雷声从天上到地面总共走了 6×340＝2 040 米，差不多有两千米。顺便说一句，声音的传播速度也可以表示为 1 225 千米/小时，而飞机的速度常常可以用音速来表示（你也一定听说过超音速飞机），单位为马赫（mach）。1 马赫约等于 1 225 千米/小时。法国生产的协和飞机飞行速度为 2.2 马赫，等于 2 695 千米/小时。

海市蜃楼，我美丽的海市蜃楼

　　大自然常常赐给我们许多美景，可是我们往往会忽略了它们。现在就来看看自然界中光带来的神奇幻象。

　　先从最简单的说起：你肯定在开阔的地平线上看到过美丽的日落（或者日出）。欣赏日落，地平线越开阔越好，所以最好的地方就是在大海上！不过奇怪的是，当你看到太阳缓缓地下沉，慢慢地靠近地平线时，实际上它早已沉到地平线以下了！你之所以还能看见太阳，是因为光的折射在起作用。穿过大气层时,光的传播方向改变了,传播路线成了弯曲的弧线形,所以光的折射"抬高"了太阳的形象,让我们能多看它几分钟……早上的日出也一样,如果你眼前的地平线足够开阔,你会在太阳真正升起前就看到它!下次看日落或日出时,当太阳靠近地平线,注意观察一下它的形状:它看起来被压扁了。因为太阳下边部分的折射更厉害,所以被"抬"得更高,在我们看来它好像被压扁了一样。

海市蜃楼也经常发生在我们身边,每个人夏天时都能看到这样的景象:开车行驶在被晒得很热的公路上,远处看起来有一个很大的水塘,倒映出周围的树木和车辆。可是当你到了那里,却发现一滴水也没有!其实是我们的大脑欺骗了我们。它错误地解释了我们的双眼所看到的景象……那么我们的双眼究竟看到了什么呢?事实上它们看见了两幅画面:一幅是远处车辆来来往往的正常画面,另一幅也是远处车辆的画面,可是却是倒过来的,因为它发生折射后沿着一条曲线传到我们的眼中。这幅倒过来的画面看起来好像在公路下方一样,我们的大脑便把它解释为水面的倒影(如果地面上有薄冰,薄冰也可以起到镜子的作用,产生倒

影一样的效果。可是如果在大热天,阴凉处的温度都有 30 ℃,地面上是不可能有薄冰的,所以这个解释我们的大脑肯定无法接受)。

可是光线怎么会发生折射呢?因为空气的温度不均匀(最靠近路面的空气最热)。这就是为什么这个海市蜃楼只有在大热天才能看见。这种海市蜃楼又称为"下蜃",因为产生的幻象位于实物的下面,而且是倒过来的。在沙漠中同样也有海市蜃楼,被称为"上蜃",因为产生的幻象位于地平线的上面,而且看起来是正的。沙漠中产生上蜃是因为地表的温度比地面上方的空气温度低,沙漠里的海市蜃楼欺骗了多少旅行者啊!他们以为自己看到了绿洲,而真正的绿洲可能在几千米以外。据说,海市蜃楼居然可以让格陵兰人在夏天看到远在天边的美洲大陆……

所有这些海市蜃楼也有可能在夜晚出现,有时候还可以在海拔很高的地方出现:在海拔 1 000 米的地方也出现过海市蜃楼!甚至还有更为复杂的海市蜃楼,可以把实物的部分影像投射到远处的物体上。比如 17 世纪时的意大利航海者常常看见正在天空中建造的城堡,他们把这种无法解释的神秘景象称为 *Fata Morgana*(莫甘娜仙女,传说中亚瑟王的姐姐)。

每日一问

好的太阳镜是怎么起到保护作用的?只是靠大量吸收光能吗?

答案在第 135 页

小提示

好的太阳镜肯定会吸收光,但它之所以能保护人的眼睛,不仅是因为深色的镜片可以降低光的强度,而且它的保护作用也不是靠这一点实现的;好的太阳镜片已经被极化处理过了,成了偏光眼镜。

离我的阳光远一点

影与光,这不仅是科学的主题,也是艺术的主题;不仅是诗意的,也是神秘的;不仅是理性的,也是想象的……好了,言归正传,从哪里开始说呢? 就从"影"这个词的模糊意思说起吧。如果说影的成因是没有光,那么艳阳天时地面上的影和夜晚的黑暗有什么区别呢? 它们不都是因为没有光而形成的吗?

如果你背对着太阳,你面前就是自己的影;影覆盖住的这部分地面没有被阳光直接照射到,因为你的身体是不透光的,所以挡住了阳光。影就是一个不透光的物体挡住了光而形成的。可是你身上的影又是怎么形成的呢? 你的背晒到了阳光,可是你的脸却在阴影里。为了形成第一种影,也就是地面上的影,我们需要一个投射面:地面、墙面等。物理学家把它称为投射影。而第二种影,在不透光的物体上产生的影,我们称之为自影,也就是一个物体的背光面。所以说,影其实有两种:物体投射下的影和物体上的影。现在你知道了,艳阳天时地面上的影是投射影,而夜晚的黑暗是自影,也就是地球的背光面。

需要补充说明的一点

有些人可能会想,在阳光下的一个物体,即使它的背阳面也有亮光,只不过没有向阳面那么亮而已(他们的想法有道理!);就算你背对着太阳,我们还是看得见你的脸啊! 你的脸看得见,说明它一定发出了光……其实你脸上的光来自于周围环境中散射的光。

对于有些孩子来说,有一个现象很难理解。为了给他们解释白天和夜晚

的形成原因,老师通常会让他们看一个模型。在一间比较暗的房间里放一个地球仪,用手电筒照在地球仪上,被照到的一边是白天,没照到的一边是黑夜。很好,可是有一个问题,"黑夜"的那一边并不是完全黑的,多多少少也被照亮了一点,一些仔细的孩子会注意到这个奇怪的现象……如何回答他们呢?地球仪代表"白天"的一边是被手电筒直接照亮的,而"黑夜"的一边则是被房间的地面、墙壁等反射的手电光照亮的。房间里的一切东西都可以把手电筒的光反射到各个方向上去。对于真正的地球而言,宇宙中几乎没有任何东西可以反射太阳光,所以地球的背阳面就是完全的黑夜(当然,"满月之夜"除外,那时候还是有光的,可这点不在我们的讨论范围内)!

这里要注意了,光的散射常常是皮肤晒伤的罪魁祸首,不仅是在海滩上,在雪山上也有可能(想想雪的散射作用有多厉害)!

看得见的光线,看不见的光

一只手电筒就能让你发现"可见光"的本质:那就是,它其实是不可见的。

有谁看见过光线? 所有的人都见过,每当雾天或者雨天,开车时车头灯打出的光线,又或者是从云层中漏下的光线,等等。对于物理学家而言,所谓光线(就是初中生或者高中生在物理作图题里画的那些光线),就是一条轨迹;换句话说,它是抽象的,而且在现实中根本就不存在! 有谁真正看见过光是怎么传播的?

打开手电筒,照在一面墙上。你可以看见墙上的光斑,这证明光从手电筒射到了墙上;可是在手电筒与光斑之间,你看见什么了? 什么也没有! 可是,光又确实存在,因为如果你把手放到手电筒前面,你的手就挡住了光并把它反射回来……

还是以晴天时地面上的影子为例。站在太阳底下，看着你自己投在地上的影子。你能看到从身边经过的光吗？正是这光勾勒出了你影子的外圈轮廓。你和地面之间的区域正好被你的身体挡住了，光无法继续传播，好好看看这个区域，它和旁边的区域有什么不同吗？当两个人互相看到对方时，他们之间一定有光的反射，可是在他们俩中间什么都没有，不是吗？

这些现象都可以用如下的方式（有些令人吃惊的方式）表达：光是看不见的。这是真的，你看见的所有东西，阳光、云、台灯，所有可见的东西之所以可见，恰恰是因为它们都发出了不可见的光；真正可见的其实是光源。我们可以把光源分成两种：主动光源（本身会发光的物体，比如太阳、电灯、火焰等）和反射光源（比如月亮、熄灭的电灯、人……总之，就是一切不会主动发光的物体，通常也是黑夜里看不见的东西）。光本身是看不见的，可是它使发出光的物体变得可见，这些物体也就是光源。

但是，上面第二段里说到的那些"光线"又是怎么一回事呢？有些人可能已经猜到了，在这些例子中我们看到的不是光，而是被光照亮的物体（被车头灯照亮的空气里的小水滴，或者是细小的灰尘颗粒），这些物体把光反射到了我们眼中。光沿"直线"（你当然看不见这些直线）传播，会遇到位于这直线上的障碍物，也是因为这点，我们常常把光的传播轨迹和光本身混为一谈。你也许从未意识到，在可见物体与你之间，你什么也没看见，可是你却看见了这些物体本身，因为它们是光源（主动的，或者反射的）。

如果你家里有百叶窗，那么你一定注意过晴天时从百叶窗缝里透进来的一束一束的光，而且空气中的灰尘越多（你可以抖抖抹布），这些光束越明显，如果空气非常干净，你是看不到这些光束的。当太阳被云层遮住时，影子就不见了，因为此时只剩下朝各个方向散射的光，而一个不透明

的物体只能挡住其中的一小部分，所以影子也几乎没有了。再想想，你会明白的……

每日一问

为什么日食那么罕见（想想 1999 年 8 月 11 日的日食引起了法国媒体多大的轰动），而月食却相对常见呢？

答案在第 127 页

小·提示

事实上日食和月食的数量几乎是一样的……可是你看见的月食却比日食多！

别"找不着北"

对远足爱好者来说，在没有指南针的情况下也能辨别方向是很有用的。只要有最普通的那种手表，再有一点点太阳光就够了……

假如你现在想要找回方向，像"树木长苔藓的一边就是北边"这一类的想法你最好扔在一边，它们只会让你完全迷路。第一种方法：在地上竖一根木棒，隔一段时间量一下它的影子，最短的影子对应的是正午时分，

也就是说它所指的方向为北。事实上,正午时分太阳恰好在正南方向上,此时也是它升得最高的时候(所以这个时候的影子最短)。显然,这个方法只在正午还没过的时候适用。当然,别忘了夏天时,我们的手表时间要比太阳时间快两个小时,冬天则快一个小时。简单来说,如果夏天时你的手表显示为 13:00,此时的太阳时间则为 11:00,那么这个测量影子的方法完全可行。冬天的太阳时间只比手表时间快一个小时。

所以我建议:最好在上午迷路……

另一个简单的方法只需要一块手表和一点点阳光就行了,连木棒都用不着。你想确定东西南北四个方位基点(其实只要知道一个就够啦!)?观察一下太阳,再看看你的手表(如果你的手表是电子表,可在一张纸上或者地上画一个表盘,按照你手表的时间添上指针就行了)。我们已经说过,正午时分太阳恰好经过子午线,也就是说此时的太阳恰好在正南方向。可以说太阳就是一个天然的时钟,因为一天 24 小时,它恰好在天空中转了一圈。比方说正午过了 6 小时后,太阳恰好到了正西方向(我假设此时太阳还没落下地平线)。

下面就是你应该做的。面向太阳而站(不用正对),把你的手表摘下,

放在面前,与地面大约成45°。假设现在是上午10:00。此时手表的时针指向10而分针指向12。想象一下你头顶上也有一个大表盘,有24根刻度。太阳在这个空中的表盘上直接为我们指出了时间,正午时它会恰好经过正南方向。这个空中表盘当然是不存在的,不过我们的手表可以代替它:如果我把手表的时针对准太阳,太阳不就相当于时针吗?不过要注意了!手表时间为10:00,太阳时间则为9:00或者8:00(季节不同)。假如现在是夏天(确切说应该是3月到10月间),那么太阳时间为8:00。你接下来马上就能找到南边和其他方向了。

假如我们的手表也有24根刻度,那么它直接就帮我们找到南边!可实际上手表的时针转动速度为太阳的2倍,一天里手表转两圈,可太阳在天空中只转了一圈,所以需要换算。这里一律用24小时制来表示时间(举例来说,假如现在的太阳时间是下午2点,则表示为14:00)。如果太阳时间小于12:00,算法如下:先用12减去太阳时间,然后除以2,再用12减去这个数。举刚才的例子,现在的太阳时间是8:00,12:00 - 8:00 = 4小时,4小时÷2 = 2小时,12:00 - 2小时 = 10:00。把手表调到10:00,表盘上"12"这个数字的位置就是南方。如果太阳时间大于12:00,算法如下:先用太阳时间减去12,然后除以2,再用12加上这个数。举例来说,现在的太阳时间是15:00,15:00 - 12:00 = 3小时,3小时÷2 = 1.5小时,12:00 + 1.5小时 = 13:30。把手表调到13:30,表盘上"12"这个数字所对的方向就是南方。这个方法当然适用于任何时间了……

总结一下,先看手表的时间,并把它转化为太阳时间(根据季节不同,减去2或1);然后算出太阳时间与12的差值,除以2后与12:00相加或相减得到一个时间,把手表调到这个时间,手表盘上"12"所对的方向就是南方。不要担心,做起来比解释起来容易多了……

这里的内容是给那些吹毛求疵的人看的

上面的计算方法有两个小问题：它既没有考虑到经度问题（因为我们并不都在本初子午线上），也没有考虑到地球公转速度对时间的影响。先说第一个问题，以法国为例，法国最西边的城市是布雷斯特，那里的时间比格林威治时间慢了大约10分钟；法国最东边的城市是斯特拉斯堡，那里的时间则比格林威治时间快了大约半小时。如果你在法国，根据你实际上所在的位置，大约可以估计出当地的时间，从而把你的时间调整得更准确。我们要考虑的是东西方向上的位移（经度），而不是南北方向上的位移（你所在地的纬度并不重要）。

另一个问题，由于一年中地球绕太阳旋转的速度会稍有不同，这也会对时间产生一定的影响，1月份多一刻钟，9月份则少一刻钟。你可以把这一点考虑进去以便使你的计算更加精确，不过也别抱太大的希望：一刻钟，对应在表盘上大约是4°，几乎和手表时针的宽度差不多了⋯⋯

老公！快看彩虹

用一个脸盆、一块镜子和一个白光手电，你就能在家里造出彩虹（当然尺寸比较小）。

在脸盆里倒满水，把镜子以45°角放在脸盆中，用手电照着镜子，不一会儿就可以在对面的墙壁上看到一个小小的精灵（其实就是被分散的光）。通过这个装置，你可以知道彩虹形成的要素有哪些：水、空气、白光，还有反射。

当空气中有许多小水滴时，阳光会在水滴中发生反射，如同在脸盆里那样；正因如此，只有当太阳在我们的背面时，我们才能看见彩虹。当光

从空气中射入水滴,再从水滴中射入空气时,其各个组成部分由于折射率不同而彼此发生了分散,这也叫光的色散。

你在彩虹里看出了七种颜色?真厉害,因为实际上你的眼睛并没有看出来,是你的常识告诉你这一点的。好好地看看彩虹:不同颜色的分界线在哪里……是不是你自己想象出来的?其实,我们想要多少种颜色就有多少种,3 种,17 种,甚至是 153 种,因为彩虹的色彩是一个 *continuum*。这是个拉丁语单词,意思是连续体,也就是说它的颜色从第一种慢慢地、连续不断地过渡到最后一种……

如果你有一副偏光太阳镜,把它放在眼前转动,再去看彩虹。你会发现当眼镜转到一个特定角度时,就看不见彩虹了,这说明构成彩虹的光是偏振光。当然,这是另外一个问题了。

一个彩虹里可能藏着另一个

请问彩虹的确切位置在哪里?它的中心又在哪里?回答:在看见彩虹的人眼里(就好像俗语说的,情人眼里才看得出西施)。事实上,太阳的光线差不多是平行地照在水滴上的,我们通常看见的彩虹是一个半圆,可有些时候我们能看见更多(比如在飞机上,我们可以看见一个圆环状的完整彩虹,彩虹在我们下面,太阳在上面,飞机的影子则在环状彩虹的中心)。这种情况下,如果我们的位置移动了,彩虹应当随之变形,或者至少我们应该远离彩虹的中心才对……可是我们发现什么也没有改变:彩虹随着我们的移动而移动!

为什么呢?因为水滴向四面八方反射出阳光,当我们的位置移动时,我们所看到的彩虹已经不是刚才那个了,而是由其他的水滴形成的新的彩虹。彩虹的中心点就是我们的眼睛!彩虹与我们的视线所成的角平均成 41°(理论上说,紫色部分的角度是 40°,红色部分是 42°),实际上紫色部分的角度略小而红色部分的角度略大。幸运的话,我们甚至能看到副虹,也称作霓,副虹差不多在主虹上方 9°,也就是我们视线以上 51°的地方。

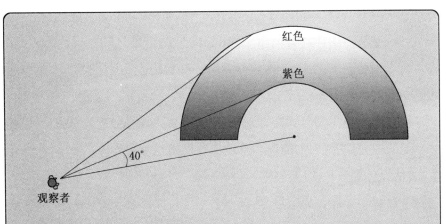

副虹比主虹要大，它是由阳光在水滴中的二次反射形成的。留心观察，你会发现主虹与副虹之间的带状区域看上去比天空的背景暗，这很正常，因为光线都集中在41°和51°的地方了！这个带状区域被称为亚历山大带，之所以这么命名，是为了纪念在公元前200年描述过这一现象的希腊人亚历山大·达弗洛蒂斯。除了主虹和副虹外，可能还存在第三条彩虹，甚至是第四条，不过它们都非常微小，因此在大自然中十分罕见，通常只能在实验室中依靠激光器制造出来。如果你下次有幸看到副虹，注意观察它的颜色顺序：居然和主虹是反的！如何解释呢？因为光此时已经经历过第二次反射了……

太阳升起或者落山时出现的"彩虹"是红色的，因为蓝光没有折射，几乎无法穿过大气层。

多美的极光

月光其实也能产生虹，我们称之为晚虹。但是与日光产生的彩虹相比，晚虹的亮度要减少将近100万倍，所以晚虹没有颜色，看起来是灰白的。有时在海岸边或者在带露珠的草地上也有彩虹。海浪也能产生彩

虹,不过体积和一般的彩虹不同,因为海水是咸的,对光的折射也不同于淡水。甚至连雾也能产生虹,不过比较少见,因为彩虹的形成需要大水滴。在瀑布旁特别容易看见彩虹:清晨或者傍晚,背对太阳站在瀑布前……好好欣赏吧。

现在来说说在我们所处的纬度上十分罕见的现象:极光(我们居住的北半球的极光是北极光,而南半球则是南极光)。极光呈带状,颜色变化多端:从绿色到紫色,也有红色。极光既如梦幻般美丽,又十分短暂易逝,它们通常发生在太阳耀斑活动以后。太阳耀斑能释放大量带电粒子,这些带电粒子被地球的磁场捕获,进入地球大气层,并与大气层中的分子(主要是和氧分子)猛烈撞击,放出大量能量,从而产生了极其特殊的极光。

如果有一天你乘飞机经过极点,好好欣赏! 你可以用相机或者手机以大约10秒的曝光速度进行拍摄。

每日一问

中午为什么看不到彩虹?

答案在第132页

小·提示

别忘了彩虹的光来自于太阳。当我们看见彩虹时,太阳在天空的什么位置上?

白昼与黑夜

　　如果去年寒假你外出旅游,去了南方,那么你可能会注意到,与你所住的地方相比,那里的太阳升起得早,落下得晚(如果你去了北方,情况当然正好相反)。换句话说,南方的白昼比北方长!这听起来可能没道理,法国的天气预报女主持人每天都那么友好地汇报太阳升起和落下的时间,这一切难道没有意义吗?

　　下一个夏天,在你住的地方找一个开阔的空地,记下日出的时间(如果你起得早)和日落的时间。到了你度假的地方,再记录一下,或者打电话给你住在远方的亲戚,让他们在同一天帮你记录下日出和日落的时间。现在比较一下!你会发现情况和你冬天的观察相反:斯特拉斯堡(在北边)日出的时间比尼斯(在南边)早 10 分钟,而日落比尼斯晚 10 分钟。可是,斯特拉斯堡和尼斯是在同一条经线上的!季节不同,日出与日落的早晚也不同,这个差别究竟是怎么来的呢?

　　好吧,这个差别的原因和季节产生的原因是一样的:地球的自转轴和它公转的平面不垂直,而是有一个倾角。这个倾角的后果之一就是晨昏线(白昼和黑夜的分界线)与经线不平行。冬季,这根线朝东边倾斜,所以南方日出就比北方早,而日落却比北方晚(如图所示)。所以此时我们如果去了南方,白昼就比较长。夏季,情况正好反过来:北边的白昼比较长。再往北边,太阳可以好几天不落下,我们称之为"午夜的太阳"。最北边的北极,白昼可以持续 6 个月……

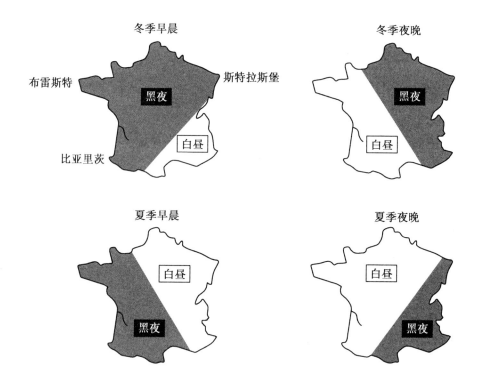

只有 9 月和 3 月的秋分和春分,昼夜平分线才会正好是南北方向,此时太阳升起的时间和落下的时间只和经度(东西方向上的位置)有关。3 月 21 日,斯特拉斯堡(在法国东边)的日出比布雷斯特(在法国西边)早 50 分钟,日落也比布雷斯特早 50 分钟:这一天,地球上所有的地方白昼与黑夜的长短都相等(12 小时)。

简单来说,季节的变化和时差都会影响到昼夜的长短变化:冬至时,斯特拉斯堡和比亚里茨的日出时间是一样的,可是同一天,在巴斯克地区(法国的西南边,与西班牙交界的地方)夜晚却来得更迟些! 人们还没上床呢……

每日一问

我们的时间是由经线规定的,在地球的极点,所有的经线都汇聚在一起,那么那里究竟是几点呢?

答案在第139页

小·提示

别忘了决定时间的参考物此时不在地球上。

可是……它在转呀

　　这句有名的话据说是伽利略在宗教审判结束时说的,不过这不是真的。这句话甚至没有表达出这位意大利科学家的真实想法(他当然没说出来,因为他已经被迫宣称不再支持哥白尼的学说了):*Eppur, si muove*,意思是:可是,它在动呀。也就是说,他同时指出了地球的两种运动,一日一圈的自转和一年一圈的公转。

　　回到我们的时代,现在来回答一个很简单的问题:地球自转一圈需要多长时间?

你马上会回答:24 小时。我们的星球转得多么精准啊！不对。你会叹口气,耸耸肩,我们把自转分成 24 等分,每一等分是 1 个小时,这有什么不对……好吧,并没有这么简单,你要扮演地球,亲自转一转才能明白这一点。

首先,我们会发现,地球自转一圈的时间是变化的。当然,这变化不用小时衡量,甚至不用分钟衡量。国际时间局(BIH,位于法国巴黎天文台)为了人们日常使用时间的精准,不时要加上几秒或者减去几秒。

不过还有另一个"偏差",这个偏差可以用分钟计算,而且每天都在发生,现在我们就从物理学角度分析一下。

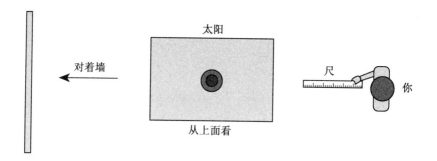

在桌子中间放一个东西代表太阳,比如一盏台灯。你就是地球。面向一堵墙壁站着,自转一圈,如此你就模拟了地球的自转。当你重新面对墙壁时,你知道自己正好转完了一圈。一直到这里一切都很顺利。可是你知道,地球相对太阳来说也是在运动的,公转一圈为一年。所以你不仅自己要转,还要围着桌子转,以此来模拟地球的两种最主要的运动。为了避免转晕了搞不清方向,手里拿一把尺,始终把尺放在自己面前。它可以帮助你找到方向。

站成上图所示的位置,你手里的尺对着太阳,墙在你面前。命令来了:自己转着,并且绕着太阳转,直到你刚好转完一圈(也就是说一天过去了)。大家都转完以后,位置居然有两种。你支持哪一种?(注意我下的命令。)

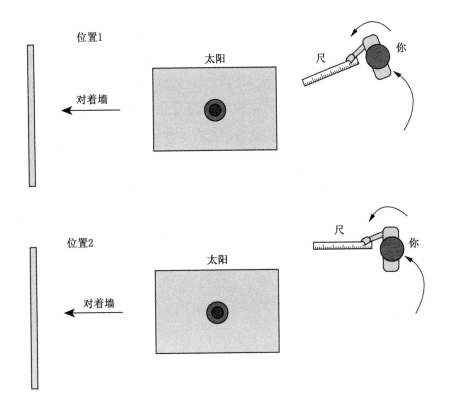

　　支持位置 1 的人会说,如果尺没有像开始时那样重新对着太阳,就不算完成一圈旋转。比起支持位置 2 的人,他们要多转了一些。支持位置 2 的人认为只要我们像开始时那样重新面对墙壁,就转完了一圈……谁是对的呢?

　　科学思考最大的趣味之一就是,它几乎总与我们的第一反应背道而行。这里我要让每个人都吃一惊,回答是:两个都对。

　　事实上,自转一圈要看参照物是谁。如果地球不绕着太阳旋转,那么就是我们最开始说的那种原地旋转,转完一圈,正好重新同时面对台灯和墙壁。可是加上地球的公转,事情就不同了! 如果你以一颗星星为参照(不是墙壁),在位置 2 时你已经转完了一圈。可是如果你以太阳为参照,还要再转过去一点,到达位置 1,才算转完了一圈。所以这里对"日"有两

个不同的定义：一个是恒星日，把处于地球—太阳这个系统之外的恒星作为参照物，我们的实验里用墙壁来代表它们；另一个是太阳日，太阳日比恒星日要长一些，是以地球和太阳的相对位置作为参考的：观察者此时把重新对准太阳作为转完一圈的标准，也就是尺重新指向太阳，此时经过了一个太阳日。于是这两个不同的"日"就有了差值。

那么 24 小时呢？

日常生活中使用的是太阳日而不是恒星日，是太阳而不是大熊星座掌管着我们的手表，所以我们的 24 小时是把太阳日的旋转周期平分成 24 等分得到的。这么来算，一个恒星日平均为 23 小时 56 分钟 4 秒。

杂七杂八的有趣事儿

水，水

　　水是生命活动必不可少的一种化合物，因为它有一些性质，虽然算不上独一无二，却仍然很特殊。我们已经说过它可以具有溶解气体的能力（见"普通水还是汽水"）；不过它还有另一种能力，虽然不易发现，可是却有十分重要的作用。为了证明这一点，我们可以做个小实验，把塑料尺（或者吹起来的气球）放在毛衣上摩擦，然后打开水龙头，只开一点，流出一丝细流即可，把尺靠近这股细流（不要碰到）。

　　意外吧！水流偏离了！摩擦过的尺带上了电荷，水被吸引，说明它带有正负相反的电荷。可是我们在高中时不都学过物质在常态下是中性的吗？确实如此，不过水是由极性分子构成的，总体而言水分子是中性的，可是在其内部正负电荷分布不均匀，一些区域带正电荷（氢原子分布的区域），另一些区域带负电荷（氧原子分布的区域）。

　　正是"极性"让水变得如此重要！绝大多数生物大分子也是极性的。它们甚至就是由两部分组成，一些部分带电，是亲水性的；另一些部分不带电，是防水性的。为什么有些部分是亲水性的呢？因为这些带电区域能与水分子中的带电区域发生相互作用，就好像我们实验中的尺和水流一样。水因此能够引导这些生物大分子，使它们与周围的环境更好地发生人体必需的化学反应：消化，把食物转换成肌肉的力量，等等。

　　水的极性帮助我们成长和生存……

医生,严重吗?

在人体的血液循环中,血压起到了至关重要的作用:心脏每跳动一次,血液会从心脏猛地泵入主动脉,流动速度从 0 一下增长到 1 m/s(相当于从 0 增长到 4 km/h)。如此大的压力变化完全能使一根坚硬的管子破裂,可是动脉的弹性使这"水锤"大幅度减小:一个人 20 岁时,动脉的容量能增长 50%!

心跳能产生一个冲击波,随血液传播:这就是脉搏。这个冲击波的速度大约为 10 m/s,如果你同时在你的颈部和手腕上测脉搏,你会发现它们的频率稍有不同。实际上,冲击波要经过 0.1 秒才能到达距离心脏大约 1 米的手部,而它几乎瞬间就能传到脖颈处,因为脖颈离心脏很近。

随着时间的流逝,一切都变了,尤其是动脉的弹性;于是就有了人尽皆知的动脉硬化症。一个人到了 60 岁,动脉的扩张率已经减少了 4 倍,当然这就使得动脉血压增加(想想看吧,如果你夹住了橡皮洒水管,会发生什么)。缓解这种硬化的方法也广为人知:平衡清淡的饮食,经常做一些低强度的运动,不要吸烟,适量饮酒……我知道,我很让人扫兴,可是我们只有一个心脏……

每日一问

管子工(还有其他人)所说的"水锤"是什么?

答案在第 138 页

小·提示

当水龙头被突然关闭时,就会产生水锤现象,特别是在老房子里。

眼睛的法则

站在窗边两三米远的地方,透过窗观察一棵树、一座房子或者是其他什么固定不动的物体。两眼都睁开,伸出手,用竖起的大拇指对准窗户的把手,让大拇指正好在窗把手的前方。现在闭上一只眼睛。发生了什么事?要么把手和大拇指还是在一条线上,要么大拇指偏到一边去了;如果你闭上的是右眼,大拇指可能偏向窗子的右边。

解释是这样的,我们的两只眼睛工作方式不一样,但是互为补充:它们看到的东西不同,因为它们的位置不同(就好像你在窗子前移动以后,在窗外看到的景色也不同)。大脑负责处理两只眼睛提供的画面,并把它们合而为一。不过,其中一只眼睛在这个合而为一的画面中起到了主要的作用,我们把这只眼睛称为"主导眼":如果你闭上的是右眼,而你发现看到的画面没有任何变化,说明你的主导眼是左眼(眼科医生能检查出你视力较好的那只眼睛,可它并不一定就是主导眼)。如果情况相反,你看到的画面变化了,说明你的右眼是主导眼。当你用大拇指对准把手时,本能性地以右眼看到的画面为基准,而当你闭上右眼时,你当然只能看到左眼的画面了。

两只眼睛起不同的作用,你接下来就会知道为什么。把刚才的实验再作一遍,不过这次对准窗外面的东西,比如树或者房子。你有什么发现?和刚才一样,不过这次大拇指偏离得更厉害了!这里,唯一改变的是瞄准物体与你之间的距离;事实上这是大脑估计物体距离的一种方法,也就是比较两只眼睛给出的不同画面。为了说服你,现在试着只睁开一只眼睛去拿桌上的一个东西:你会摸索一会儿⋯⋯

这个特殊的现象叫视差,天文学家利用它来计算最近的恒星与我们之间的距离。不过他们用来计算的长度可比我们两眼之间的距离大得多:地球公转的轨道直径,也就是间隔6个月的两个位置,3亿千米的距离⋯⋯

我的眼睛

　　如果你家里养猫，先用手电筒照它的眼睛，再把手电筒关掉，注意观察它瞳孔的变化（这不会给它造成任何伤害）。效果十分显著：当你打开手电筒时，猫的瞳孔马上就缩小了。

　　如果你一时找不到猫，你可以自己站在镜子前，在黑暗中，观察你的眼睛（它们当然很美丽，不过这不是我们要说的重点）。继续看着你的眼睛，视线不要转移，然后开灯：看到了吗？你只是开了灯，你的瞳孔就缩小了至少一半，不过一旦光消失，黑暗重新来临，它们又会重新放大，以便接收到最多的光线。

　　没什么了不起？瞳孔的大小减少一半，眼睛接收的光线就是原来的四分之一。反过来说，如果瞳孔为了适应黑暗而增大，它接收的光将是原先的平方。所以，当一只猫在黑暗的阁楼里抓老鼠时，它接收的光将近是原先的50倍。

　　假如光突然照到我们的眼睛，它会做何反应？光突然出现时，眼睛会在短时间里把光源的形状记录下来，产生一个与原来颜色不同的光斑，即使我们闭上眼睛也能"看见"，这时候你感到眼花了。比方说，如果光源是太阳，那么我们看到的就是一个圆盘，如果是长条形的日光灯，我们看到的就是一条带子。

　　产生这种眼花的原因是这样的：我们的感受器需要一段时间才能重新建立正常的视觉，因此突然被光照到以后，它们仍要持续不断地刺激感光神经。眼花期间，如果你闭上眼睛，移动头的位置，眼前的光斑离开了原来的光源，随着你的运动，不同的感受器相应地为你制造了这个光斑。

给我一个支点

"我能撬起整个地球"。很久以前,一个著名的锡拉库萨人(意大利城市,位于西西里岛的东南部)说了这句话,他就是阿基米德。这句话涉及有名的"杠杆原理",我们用不着去锡拉库萨,分析几个例子也能明白杠杆原理。

找一本很重的书,类似于字典就可以,拿在手里,然后把胳膊伸直了,数到100······累吧?为了让你休息一会儿,你可以把手臂缩回来一些。马上没有那么累了!书的重量没有变化,是你拿它的姿势和方式让你感觉它变轻了。请再次伸直胳膊,不过这一次把书放在肩和肘的中间,你能明显感觉出和刚才有什么不同!

休息一下,把书放下吧。现在走到门旁边,开门,然后用一只手推着离门把10厘米的地方(靠近门的中间)关门;还不算太吃力,只不过比抓着门把关门要费劲一点。现在把手继续朝门轴方向移动,在离门轴10厘米的地方推推看,很费劲吧?

别折磨自己了,来动动脑筋

你现在应该能明白了,为什么门把要安在离门轴最远的地方······当你在离门轴10厘米的地方推门的时候,门的重量仿佛一下子增加了许多!好了,不兜圈子了。无论是书还是门,"杠杆原理"的关键因素都是三个。

它们是:旋转及旋转轴;促使物体旋转的力;力的作用点与旋转轴之间的距离(又称力矩)。力产生的作用当然与力的大小有关系(我们摔门时用的力气可不小),但是也与力的作用点有关系。这便解释了你刚才体会到的一切。比如拿书时,旋转轴是穿过你肩膀的水平线,你的胳膊就围绕着这根轴旋转。

重新开始自我折磨。找一块足够长的木板(如果你能找到两米长的,那最好不过了),和另一个人一人抬一头。谁花的力气大一些? 因为你们俩的位置是对称的,所以花的力气一样大。现在让你们其中的一个向木板中间移。这个人是占便宜了还是吃亏了? 比较一下亲身体验和你的设想,是否一样(实际上,更靠近木板中间也就是旋转轴的人需要花更大的力气来保持平衡,就像我们上面分析过的)。

阿基米德说得对吗? 理论上看,他说得对,不过要找到一根足够长且足够坚固的杠杆才可以……

每日一问

如果有一个钉在墙上的洗手盆(或者小架子),最好不要压在上面,为什么?

答案在第 134 页

小·提示

如果洗手盆或者架子脱钩了,它会开始旋转。

人的脚步

没有什么比体育离科学更远了,你是这么想的吧? 大错特错! 你将会看到,恰恰相反,体育中处处有科学!

先从比较轻松的运动开始:行走。腿就是一个"自然的摆",有属于它自己的摆动周期。腿的摆动周期与质量无关,而是由长度决定的(见"把单摆变钟摆")。长度为 90 厘米的腿,其自然摆动周期大约为 1.5 秒,也就是每分钟 80 次。走两步为一个周期,因为走两步后你才能回到最开始的姿势,也就是同一只脚落地。

以最自然的状态走 10 步,同时数着时间:花了多长时间? 70 厘米的腿以最自然的状态每分钟走 90 步,也就是说 10 步应该走 7 秒。现在你应该明白了,为什么矮个子走路频率比高个子高,消耗的能量也更多! 10 步走 7 秒,每步是 0.7 秒,两步是 1.4 秒。此时的摆动节奏最接近"自然"的节奏,走起来也最省力。当然,也要考虑其他因素,比如不同的关节活动、与地面的接触以及腿的形状,这些都可能改变摆动的实际周期。

一个人走路的速度是多少? 这取决于他的身高,需要考虑两方面的因素:一个高个子迈步频率低,可是步幅大。而步幅的作用更重要,就拿成年人和孩子的走路速度来说,一个成年人平均每步能走 0.7 米,速度大约为每秒 0.93 米,也就是 3.4 km/h,一个身高只及这个成年人一半的孩子走路速度比他慢了 1.4 倍,也就是 2.4 km/h。

我们现在来看看跑步,跑步中的摆动和腿的自然摆动频率就没什么关系了,因为是肌肉决定了摆动节奏:我们称之为"强制摆动"。腿越长,自然的摆动周期越长,然而此时的运动速度不再取决于腿的长短! 如此一来无论是高个子或者矮个子,所有的人都跑得一样快? 当然不是,因为每个人的肌肉力量都不同……但是在跑步中,小个子不再像行走时那么吃个子矮的亏了。你知道,为了跑得更快,腿需要弯得更厉害:它们的摆动周期因此变小了。

注意,从能量的角度看,以一般速度行走,消耗的能量可产生 250 瓦的动力,为了"燃烧"掉一块牛排的热量(125 卡路里),我们必须快走将近 40 分钟才行,也就是说差不多要走两千米。想要不变胖真难!

物理学家眼中的跳高和跳远

现在把问题升级，来看看跳高和跳远。先说跳高，往高处跳，需要克服重力，也就是我们自身的重量；这就是为什么最省力的姿势是"卷"在横杆的周围，使腿的位置最低，把背弯曲到最大；这么一来，身体的惯性中心（有时也叫"重心"）能降到最低，甚至在横杆以下！这个姿势首先由美国人迪克·福斯贝里（美国著名跳高运动员）使用，他也因此获得了 1968 年的奥林匹克男子跳高冠军。起跳速度能增加支撑脚起跳那一刻的推动力，正是这推动力"抬高"了跳高运动员。

跳远则有所不同；速度越大，在空中飞跃的时间越长，落地点越远……这就是为什么杰西·欧文斯或者卡尔·刘易斯（两人均为美国著名田径运动员）既是跑步冠军，又是跳远冠军。跳远时为什么要在空中摆动双腿？这并不能增加跳出的距离，可是这个姿势使腿能尽可能向前，从而使身体的落地点最远。

还有一个运动十分有趣，那就是撑杆跳，因为撑杆跳中存在好几种能量转化。开始时，能量以化学能的形式储藏在人体的器官中，随后转化为动能，再变成撑杆变形后产生的弹性能，跳高运动员被撑竿撑起以后转化为势能，此后再一次变为动能（运动员又从高处落了下来），然后变成保护垫变形后的弹性能，最后以热量收尾。

喜欢球的孩子

先让我们来说说最让我们兴奋不已的运动：足球。关于足球都可以单独写一本著作了。运动员开任意球和角球时，能让球拥有那么弯曲的运动轨迹，从而绕过人墙，究竟是怎么办到的？简直神了！球本身在转，带动周围的空气一起旋转；空气旋转的速度增加了球朝一边移动的速度，另一边的速度便减小。速度减小的一边压力增大，于是球就打弯了；这就是"马格努斯效应"。注意,"马格努斯效应"也适用于飞机。

为了亲身体验"马格努斯效应",来作一个小实验。准备一根吸管、一杯水(或者是有颜色的饮料,这样可以看得更清楚),把吸管放进杯里,往上吸,当水到了吸管一半的地方,用手指堵住吸管口,然后把吸管调整到竖直的位置。现在把手指放开,同时用力在吸管口的上面一点点的地方水平吹一口气,观察吸管里的水面有什么变化。

你看见什么了? 吸管里的水面上升了,因为你在吸管口上方吹的气使空气产生了运动,吸管口处的气压因此而降低。给你的朋友出个难题:两个以 10 厘米间隔悬挂的乒乓球,如何不用手推它们就让它们靠在一起? 在它们上面吹气肯定是不行的,不过可以在它们中间吹气,两个球就会彼此靠近。这样你也可以在你朋友面前小小"吹"一下了……

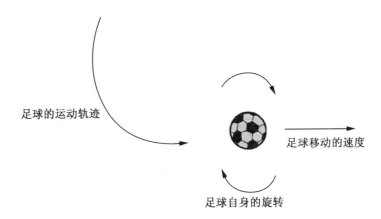

足球的运动轨迹

足球移动的速度

足球自身的旋转

各种"球类"运动,不管球的外貌如何,彼此之间都有共通的地方,因为物理原理是一样的嘛! 例如高尔夫球:为什么球的表面有那么多小洞呢? 回答:为了飞得更远! 一个表面光滑的球在空气中遇到的阻力很大:它压缩了自身后方的空气,使这些空气的压力降低,从而在它经过的路线上留下了一道紊乱的气流,这就浪费了许多能量。能把空气的阻力减少到最小的形状是火箭的形状,火箭在空气中的穿行率最高,可是如果把高尔夫球做成这种形状,它就不是高尔夫球而是子弹了。高尔夫球上的小

洞可以降低它身后的气流速度,从而减少它经过路线上的紊乱气流。

同样的现象也存在于网球上,不过网球表面的"绒毛"是为了产生紊乱的气流,从而使球的运动路线更加多变。说到网球运动,里面的技术可是非常复杂的,这里我就举一个例子好了:"上旋球",这种球的效果是下落速度和弹起速度都达到最快。为了打出上旋球,要让球沿一条水平轴旋转,就好像球在朝前滚动一样。球周围的空气被它带动了,球下方的气压便减小,上方的气压相应增大:于是球以更快的速度落下,掉地后再以很高的加速度弹起。

如果球是椭圆形的,那就是橄榄球了;关于橄榄球只有一个小问题:为什么橄榄球扔出来的时候总是绕着一条竖直轴旋转呢(这条轴经过球的两头)? 回答是,橄榄球此时就像一个陀螺,也就是不会轻易改变方向,从而使它的运动轨迹更稳定,接起来也更容易,因为在两侧方向上球没有移动,此外,小的一头在上让橄榄球飞得更远。

每日一问

我们可以运用"马格努斯效应"推动车或者船吗?

答案在第 139 页

小·提示

"马格努斯效应"的产生需要物体相对空气有位移(或者相反的情况,空气相对物体有位移,也就是风),以及物体的旋转。

从婴儿的纸尿布到百年巨杉

猜一猜:蜡烛、吸水纸和运动防汗衣有什么共通点?回答:这些事物都涉及一个再常见不过以至于常常被人们忽略的现象——毛细现象。你可以为你家最小的孩子(我在对家长说话)做"鸭鸭",也就是法国人说的蘸过咖啡或者酒精饮料的方糖。用一个勺子盛满咖啡,把方糖放在里面,看着咖啡是如何一点点向上浸透方糖的,这完全违背了重力定律嘛。

那么究竟发生了什么?事实上,任何一种液体的表面都像一张绷紧的膜;水的表面张力使一些昆虫可以在水面上行走;撕一小块卷烟纸(就是用来卷散装烟叶的纸,如果没有,可用报纸代替),在它上面放上一根针,再一同放入水中,当纸片吸满了水(这也是毛细现象在起作用!),却和针一同浮在水面上,如同一艘小船……

撕一块餐巾纸,把底下的一点点浸入水里,很快湿掉的部分会不断上升,直到整块餐巾纸都被水浸湿。为了理解这个现象,准备一杯饮料和一根吸管。用吸管吸一点饮料,然后看看吸管里的水面(为了不让水面掉下去,可用手指堵住吸管口):它并不是平的,而是凹面的;也就是说水在边缘处会升高一些,吸管越细,凹面越深,水面边缘升得越高。对于餐巾纸而言(或者是婴儿的纸尿布),道理是一样的:餐巾纸是由纤维素制成的,每根纤维素就像一根细小的吸管,水会在其中升高,直到水的重量与毛细现象产生的力平衡为止。如果毛细现象产生的力比水的重量弱了,小心水漏下去!

刚才举过方糖的例子,方糖由小块的糖晶体堆砌而成,这些晶体之间形成了细小的管道,液体通过这些管道流动,于是整块"鸭鸭"就被咖

啡浸透了。

　　毛细现象这个词语来源于"毛细"管,也就是说这些管子细如毛发(或者几乎和毛发一样细),在如此细的管子中,液体的弯月面可以弯曲得非常厉害。毛细现象可以应用在运动防汗衣上,防汗衣可以很快地把汗液引导到衣服外部,从而使汗液蒸发;但这并不会影响衣服的防水性。在人体中,毛细现象起着重要作用,它与渗透有关,渗透就是浓度低的液体向浓度高的液体流动的现象。

　　液体的表面张力还能使水滴或者其他液滴形成球状。这种表面张力源于分子力,所以液滴的形状就和分子一样,不管液滴处在什么平面上:把一块浸透了油的餐巾纸放在一块平面上,比如塑料板之类的,然后朝上面滴一滴水:水珠的形状是球状。油分子如同水的衬底,所以水珠几乎不会展开。相反,如果你事先在这块平面上涂一些洗涤剂,再做这个实验,水珠就会展开,餐巾纸的表面也会"变湿",因为洗涤剂是"表面活性"物质。

　　这就是为什么鸭子(这回说的是真鸭子)的毛始终是干的!它们的羽毛被一层油性物质覆盖,使水不能展开,也无法渗透,所以"油布防水衣"有时需要"重新上油"。还有,有些植物的果实和叶子表面也有防水功能,因为它们被油质的角质层覆盖,早上就会有水珠形成:这就是露珠。

不可思议的花园

　　巨杉能够把水从地面运送到一百多米高,相当于 40 层楼房那么高!而这一切靠的就是毛细现象。巨杉中有木质部,木质部由细小的导管组成,导管的直径通常在百分之一毫米和半毫米之间。可是在实验室里,科学家用如此粗细的管子只能把水送到将近一米半的高度。那么,巨杉是怎么做到的呢?

　　它当然有绝技了。它的根部靠渗透原理把水从地下抽上来:树汁中的矿物质浓度高于外界水中的矿物质浓度,因此产生了不同的水压。于是水就被泵进了根的内部。这个浓度差足以产生 3 帕的压强,换句话说,3 倍的大气压力!

往上走,树叶的蒸腾作用(一棵巨杉平均每天能蒸发掉300升的水!)和光合作用增加了树汁的浓度,从而使压强进一步增大,最大可达20帕。自然状态下的液柱最高只能有十多米,因为这时的液体压强等于大气压强。那么巨杉呢?

"负压强"是一种用于解释极高大的树木如何向上输送水分的模型。"负压强"的讨论已经有一个世纪之久了,它给出的解释是:两头处于不同压强下的液体就像一根两端被拉紧的绳子;也就是说所有的液体都将处于压力之下,而不再只有液体表面受到压力。

水的状态并不稳定,在这样的条件下应该开始沸腾才对,不过事实上这并没有发生,其作用的还是表面张力,它阻止了气泡的产生,也就是沸腾。一棵巨杉就像是一个巨大的饭锅,这才是真正的生态厨具。

在压力之下

以下是一个会令人大吃一惊的实验,作的时候最好在下面放个盆子,或者干脆在水斗旁边做这个实验。倒上满满一杯水,再拿一张废弃的明信片。把明信片放在杯子口上,确认杯子和明信片之间没有空隙。用手扶住卡片,迅速把它们一起倒过来,然后把手放开……真是奇迹,水没流出来(多半来讲应该是这样……如果不是,擦干地板再来一次)。

对这个实验结果的解释并不总是对的:确实是大气压撑住了水,可是杯子里多少有一些空气,所以也会产生压力,不是吗? 实际上,水下落了一点(明信片因此而变形),杯子中的压强一下减小了。所以外界的压强大于杯里的压强,足以撑住水和卡片。

大气压很大！为了让你相信这一点,来作下面的实验:从你最喜欢的报纸里拿一张出来,把它平铺在桌面上,使它的一角与桌子的一角贴合。在报纸下面放一把足够长的塑料尺(待会儿它就要"牺牲"了),或者是一块约 30 厘米长的薄木板。把尺或薄木板的一半压在报纸下。

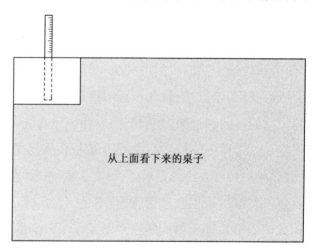

从上面看下来的桌子

现在,注意了！突然用力拍打尺的一端,你就这么生生把它折断了……这么说来,一张报纸就能压住尺,直到它折断？就是这样,还有更厉害的呢。

随便找一个脑袋,比如说就用你的脑袋吧。就像物理研究中常做的,我现在简单地为它建模:这里我只对它的形状感兴趣,它里面装了什么我不在乎。

我把你的头顶大约估计为矩形(有头发或者没有,无所谓;有些人的头盖骨长得可比头发快)。平均尺寸为:20 厘米×10 厘米;也就是说面积为 200 平方厘米。好,你的头顶上压着的空气重量为 200 千克。是真的,还好你身体内部的压力正好和它平衡了。现在看得够清楚了吧,平时我们总觉得空气好像在现实里不存在似的(除了暴风雨来临时)!

每平方厘米对应 1 千克,这就是大气压。一张 A4 纸,600 千克的空气;你刚才拿的那张报纸,两吨多! 难怪有些新闻会"压"倒你的理智,让你觉得难以置信……

每日一问

空气是看不见的,不过你过去一定经常看到过它。什么时候呢?

答案在第 140 页

小·提示

想象这样的场景:一杯水,一根吸管,但是不准拿起杯子喝水……

能测质量的气压计

你知道吗？法语里表示"气压计"的词（baromètre）实际的意思是"质量的测定"。这里要测的是空气的质量，它固然不大（1 升重 1.3 克），可是从整个大气来看，这个重量就不容忽视了。为了让你意识到这一点，按下面说的做：拿出厨房里烹饪时使用的秤，把一个"瘪的"球（足球、篮球或者手球都可以）放在上面称一称，然后给它充好气，再称一下。如果你家的秤可以精确到克，你就能看到不同了。

让我们回到气压计。如果你家住的是楼房，那再好没有了；如果不是，找一个楼房，把气压计带过去。我们现在来证明每个人的头顶上确实是有空气压着的（或者是其他部位）。先在底楼测一下气压，然后爬高一点，比如到 6 楼，再测一下，比较两个测量结果：如果第一个测量结果为 1 000 帕，6 楼却只有 998 帕，爬得越高，气压越小……

祝贺：你刚才作的实验正是法国著名物理学家布莱兹·帕斯卡作过的。1648 年 9 月 19 日，在多姆山省（法国中部的一个省），帕斯卡让他的兄弟卡西米尔·佩里埃作了这个实验，两星期后，他又亲自在巴黎的圣雅克塔上作了同样的实验！由于这个实验，帕斯卡使自己的名字永远流传了下去，法国的天气预报使用的压强单位帕斯卡（Pa）就是因他而得名的（1 hPa = 100 Pa）。有些比较高级的手表上有电子测高仪，其原理也是通过测量气压而算出高度的。

回家了，拿一个密封袋出来，要足够大，能松松地把气压计装进去。然后把密封袋吹鼓，小心封好后放在桌上。现在你要来"呼风唤雨"了，用力压袋子：看看气压计的指针作何反应！你应该能让它升高 20 到 30 Pa，不过如果它没有升得这么高，也不要死心眼，因为毕竟这不是正常使用你的气压计的方法。

写给当代的帕斯卡们看的

以下的实验可以大约估量出大气压的值。准备一根注射器，不需要安针头。量一下针筒的直径 d。根据 d 算出针筒的横截面积，公式如下，$S = 3.14 \times r^2$（r 为半径，也就是直径 d 的一半）。举例来说，一个直径为 1 厘米的针筒（半径为 0.5 厘米），它的横截面积大约为 0.75 平方厘米。

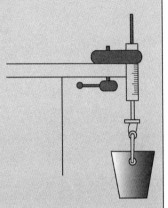

用注射器吸一点水，用手指弹敲针筒，直到去除里面所有的气泡，也包括那些附着在针筒壁上的小气泡。然后仔细地封好注射器的出口（通常安着针头的那一端），可以用比较好的胶水来堵。

把注射器垂直固定在桌子上（如果条件允许，你可以用虎钳），出口朝上。然后在活塞上牢牢绑住一个容器，比如海滩上用的小桶一类的。准备好了！

现在一点点地往桶里倒水，直到活塞开始慢慢下沉：这时候，平衡着水的重量的大气压力不够了。在我的例子中，直到桶与水的重量达到 750 到 800 克时大气压力才会顶不住，这之前你都要不断地加水，实际上要加多少水还得看你的注射器活塞灵不灵活……也就是说，施加在 0.75 平方厘米上的大气质量为 750 克，也就是 1 平方厘米上有 1 千克的空气，这个面积只有你田字本里的一个田字格那么大……不错吧？

怎样才能不出声

当你张口说话时，你并没有意识到这是你喉部的肌肉辛勤工作的成果。

你的声音,和其他声音一样,有三个要素:音强(我们有时说悄悄话,有时大声叫喊)、音高(低或高)、音色(凭音色可以区分两个人的声音,或者是两个奏出同样音符的乐器)。

频率和人的声音

音高通过振动频率来测量:人声的振动频率最低为 60 Hz(或者说每秒振动的次数),最高约为 1 200 Hz,是由女高音歌手发出的。据说,一些西藏僧侣通过舒展声带,可以发出比 60 Hz 更低的声音。

声音是如何发出的?当气流从肺部呼出,经过喉部时,喉部的两片组织因此发生振动,这两片组织就是声带,我们平时说话时的声音频率约为 200 Hz。女性的声音通常更高、更尖些,因为她们的声带要稍微短一点。当然,对于孩子,这一点更明显……

为什么我们的声音各不相同呢?因为声音是通过"喉—咽—口腔"协同作用才产生的,它们共同起到共鸣腔的作用。每个人的共鸣腔形状都不一样,此外,肌肉数目不同,共鸣腔变形的程度也不同,因此每个人的音色都是独一无二的。

尝试发几个音。发英文字母 A 的音,你得把软腭的位置放低些,使你的咽部成拱状。现在把舌头抬起来,向上腭靠近,现在气流的出口关小了,你可以发出中文"衣"字的音了。再把嘴唇撅起来,你发出的便是"玉"的音了,你可以把实验继续下去……好玩吧?既发出了这么多的音,还知道了我们的嘴是如何自动完成这么复杂的任务的。

我们学会母语的各种发音,既无意识又不费什么力气,只有当我们学习外语时,才会发现原来有些音这么难发……说起发音,世界冠军非中国人莫属,因为中文有四声,因此中文的发音几乎包含了其他语言的所有发音。从这个角度看,英语是一种"贫乏"的语言。不过好学!

每日一问

为什么在法国的地铁站里，两个面对面站在站台上的人不用抬高嗓门说话就能听到彼此？

答案在第 130 页

小·提示

声音也可以通过墙的反射传达给我们。

音乐中的振动

为什么我们能马上听出正在演奏的是小提琴而不是吉他呢？一切都在于振动。

到厨房里找几个空的玻璃酒瓶，你可以朝里面吹吹气。没准你会发现，大的瓶子发出的共鸣音低，而小瓶子则相反。实际上，这里的道理和钟摆一样。把一个重物绑在绳子的下端：如果两个钟摆的摆线长度不同，你会看到，摆线长的那个摆动慢……大瓶子使空气以比较低的频率振动，所以发出来的音也比较低。

如果在几个一样的瓶子中倒入不等量的水,我们可以做出一个简单的乐器,甚至能吹出音阶的七个音。因为此时只有水上方的空气才能振动。这正是很多乐器的原理,美国印第安人的排箫、木琴、弦乐器……总之,就是一切振动的东西。

我们的话题正好可以回到开始时的小提琴和吉他上。以吉他为例子:所有的吉他弦都一样长,可是它们发出的音却不一样!因为弦的粗细(直径)不一样:弦越粗,发出的音越低。为了让一根细弦和一根粗弦发出同一个音符,必须把粗弦的琴钮卷得更紧!因为弦的松紧也可以改变音高,这也让我们能够为乐器调音。

现在,如何在同一根弦上奏出不同的音呢?和瓶子的实验一样:通过改变振动体的长度,也就是把我们的手指按在琴弦上,从而改变振动部分的弦长。我们再次发现,琴弦振动的部分越短,发出的音符越高。

找一个鞋盒,几根橡皮筋,这就是你家的孩子拥有的第一个乐器!

让我们走得更远些:知识补充

音符频率(也就是它们的音高)与振动物体长度的联系十分简单。同一个音符,如果想要高八度,只需把振动长度减半。"哆"和"嗦"之间的振动长度比为3/2,"哆"和"咪"之间的比为5/4,等等。

所有的谐音都是由如此简单的比率关系产生的。这一点在很久以前就让毕达哥拉斯(古希腊著名哲学家、数学家、音乐理论家)感到惊奇,因此他尝试着用"数"去解释整个世界……不过这是另一个故事了。

音高与振动物体长度的关系是很普遍的:对于管乐器,吹奏者也是通过减少振动长度来增高音符,或者通过增加振动长度来降低音符的。拿笛子来说,最低的音是让整个笛身中的空气振动而产生的,也就是说此时要堵住所有的出气口。

耐心地读完我上面的解释以后,你也许会问,究竟是什么让小提琴和吉他的音色如此不同呢(音乐家也称之为音质)?即使用这两种乐器弹奏同一个音符,我们却能很轻易地将它们区分出来。对于一种乐器来说,奏出的一个音符是由基音(基音最终决定了音符的音高)和许多其他强度不同的音共同构成的:这就是泛音。比方说,我们奏了一个"哆",琴弦奏出了几个不同调门上的"哆",还奏出了许多"嗦""咪"等。乐器的共鸣腔形状使有些泛音得到了加强:共鸣腔越大,低的泛音越容易得到加强,正是这一点区分开了小提琴和大提琴以及低音提琴的音色。当然了,不仅是体积,共鸣腔的形状也在起作用。不过,一个曼陀铃是永远发不出低音的……

丰富多彩的乐器有一个共同点:在乐器演奏中,所有的泛音强度相当,于是它们都能很好地展现出来。一切在音高上与基音和谐的音符都均衡地表现出来,形成一个和谐的整体:乐器的音色因此变得丰富。同样是小提琴,音色也可以不同,乐器专家就能区分一把斯特拉迪瓦里小提琴

（斯特拉迪瓦里是意大利著名的弦乐器制造师）和另一把小提琴的不同音色。当然，其他因素也很重要，从木料的选择，再到琴身上涂抹的清漆，这些都有可能对音色产生影响。不过话说回来，声音变成了音乐（或者反过来）其实只是个人的主观感受而已。

"每日一问"答案

答案的顺序和问题的顺序不同。这么一来，你的眼睛就不会不小心滑到下一题的答案上去了，因为那样的话你很有可能会失去动脑筋的乐趣……

从土拨鼠的地洞到双层玻璃：飞机可以在静止的空气中飞行（即使空气静止对于飞行并不是理想的条件），所以对流对于飞机飞行并非必需条件。除了滑翔机外，滑翔机在空中保持一定高度的唯一动力就是对流力，否则它就会不断降落。而对于一般的飞机而言，有时需要克服对流力，以便把飞机保持在同一个高度上。

雨中驾车：首先，我要提醒你，云并不是由水蒸气形成的：水蒸气完全是看不见的，如果你能看到云，那是因为它是由其他东西形成的！云是由大小不一的水滴形成的，当这些水滴太大时，它们便会落下，形成雨（我们这里只说能形成雨的云）。要回答我们的问题，应该考虑两种不同的情况。第一种，水滴是稳定的，随着风和上升的气流移动；云移动的过程中多少会变形。但是多数情况下，水滴是不稳定的，这就是第二种情况。在移动的过程中，原先的水滴消失了，新的水滴出现，替代了它们，而这些新出现的水滴之后也会消失……这就给我们带来了云在整体移动的印象，但是实际上，每个水滴都会被新的水滴替代，如此循环下去。事实上，水滴的存在是由气压、温度，以及湿度决定的，如果有风，水滴会消失，然后在更远的地方重新形成出来，之后再次被其他水滴替代。于是在我们看来，云好像一直都存在，似乎整个云朵在一起移动……一朵云是什么？随着风而改变的许多微小区域。这听起来当然不怎么浪漫，不过这并不会阻止我们在云中看到想要看到的，可能是你喜欢的人（男孩或女孩），也可能是最魔幻的生物。

看得见的光线，看不见的光：好吧，我承认，我提出这个问题的方式很有迷惑性。换种简单的方式，这个问题应该这么提：在一个固定的地点，人们看到的日食和月食哪个多？为了让思考更容易些，我们要先把话扯远一点。谁能看见月食？回答：在月食发生前所有能看见月亮的人！只

要你在地球的向月面,天空中没有云,地球又正好在太阳和月球的中间,就行了……由于地球在自转,即使你没有看到月食的开始,你也可以看到月食的结束(当然,反过来也有可能,也就是说你看到了月食的开始,可是没看到它的结束)。关键在于月球自己不会发光,而地球又挡住了太阳照向月球的光(差不多全挡住了),所以月亮就不亮了。那么日食呢? 月球挡住了太阳射向地球的光,挡住了射向哪里的光? 正好在月球后面的那块地方,能看见日全食的区域是一条长带形,宽约几百千米。月球比地球小了大约 4 倍,所以挡不住那么多光,没办法把整个地球都笼罩在黑暗里。这么看来,日食发生时,只有很小一个区域才能看见,在一个固定的地点想要看到日食可没那么容易,再加上我们的星球三分之二都是海洋……所以日食比月食稀奇多了。你现在明白了,为什么 1999 年 8 月法国发生了一次可以清晰观测到的日全食,媒体会疯狂报道;法国想要再看到日全食,得等到 2084 年……不过法国人可以去中国或者墨西哥看日食,顺便去非洲东部印度洋上的塞舌尔群岛走一遭,那里的风景相当漂亮。当然,要天气好。

厨房里的加热器具: 微波炉的名字告诉我们,它的工作原理是将食物置于微波的辐射之下。可是这微波又是什么呢? 没什么特别的:只是看不见的光罢了。微波炉使用的微波比我们在太阳下感受的红外线弱一些,比无线电波、电视信号波和手机信号波强一些。为什么要选择这种光波而不是其他的光波呢? 很简单,因为它产生的能量恰好能让水分子振动,而且几乎只能让水分子振动,对其他分子没什么效果。这就是我们所说的共振:施加在一个系统中的能量正好与这个系统相适应,从而能为这个系统提供最大的能量。如果你在淋浴间里唱歌,不断改变音高,你会很快发现,唱到某一个特定音符时(这种情况下应该比较低),产生的回响最大;你的声音和淋浴间发生了共鸣(对于邻居而言则是另外一回事)。回到微波炉,它产生的能量能使水分子蹦来蹦去,显然,咖啡中所含的水要比杯子多,所以大部分的能量都传到咖啡中去了,只有很少一部分传到了杯子上。由于衡量微小分子运动能量的标准是温度,你这下明白你的电器是怎么工作的了吧? 所有的食物或多或少都含有水。所以它们都可以在微波下被加热。相反,金属会反射微波,就像它会反射普通的光一样,金属会阻止能量的转移,从而干扰微波炉的正常工作:危险!

胡萝卜熟了:如果你觉得结果出乎你的意料,你肯定是这么想的:水要结冰,先要变冷才行,所以热的水花的时间更长,应该后结冰才对。这个推理的唯一缺陷在于它假设了冰箱是水降温的唯一原因。如果水装在两个拧紧的瓶子里,情况确实如此(不过这时要小心,冰的体积大于水,装得太满,瓶子可能会炸开)。否则,还有另一个原因:水本身! 实际上,一碗热水的蒸发(即使在冰箱里它也会蒸发)要比冷水快得多,所以需要大量的能量(这也是我们出汗的原因,我们的汗液蒸发时会带走热量,从而降低我们身体的温度)。在冰箱里情况更复杂一些,温度的不同、水的纯度不同、容器等,都会影响蒸发的快慢。但是热水总是比冷水蒸发快,降温快,至少在开始阶段是这样,所以热水会出乎意料地先结冰。拿这个和人打赌,准赢!

普通水还是汽水:这个问题简单,可是回答却没那么简单。让我们试着用并不复杂的话把道理说明白。为了在水中前进,游泳者可以有很多划水姿势,不过这些姿势都是把前面的水划到后面,以此获得反作用力,从而在水中前行。这没什么特别的,因为所有的运动都是这么产生的,通过在所处的环境中获得的反作用而改变位置(比如,走路时是通过把地面向后推而前进的),不管在水中还是在空中。划水量的多少当然取决于游泳运动员的身材大小,人越高大,划的水越多! 不过只有这个理由还不

够,因为人高大,需要移动的体积也大。用波的能量可以解释为什么身材小的游泳运动员比较吃亏。他们在游泳池(或者是海)中制造出的波频率大于高大的运动员,也就是说他们能够达到的最大速度要小于高大的运动员。结果:人越高大,最大速度越高(在能量一定的情况下),这也是为什么海豚总会被虎鲸抓住;还好,一方面虎鲸并不具有攻击性,而海豚又有很大的一个优势:智慧。

怎样才能不出声:平时的地铁并不容易发现这一点:周围的噪音,来来往往的人群……如果你在法国,找一个安静的晚上,和朋友一起去地铁站,亲自试验一下。你们可以面对面站在车轨两边的站台上,不断变化你们之间的距离(要注意安全)。你会发现,在某个距离上,效果最显著。这共鸣是哪儿来的? 来自于地铁站的拱顶(法国的地铁站均为拱顶)。之所以把地铁站建成拱顶形,既美观,又稳固,实际上拱顶是椭圆形的,地铁站的平面图可以证明这一点,即使拱顶可能并不是一个完整的椭圆(比如说墙面就是垂直的)。秘诀就在这里,因为声音不仅能直接传播(如果它只能直接传播,那我们讨论的这个现象就不会发生了),它也能在墙壁和天花板上反弹,如果你们两人正好在椭圆的两个焦点上,此时你们的声音可以在损失最小的情况下传入对方的耳中。一般说来,焦点在车轨边上两到三米的地方。焦点是很特殊的:从一个焦点上发出的声波,在拱顶上几经反弹后,最终会再次聚集于另一个焦点上! 如果你和朋友站对了位置,如果他(或者她)柔声说话,你会感觉这声音就在耳边。接收无线电波的天线应用的也是同样的原理。无线电波在接收天线的表面上四处反弹,最后聚集于天线椭圆表面的焦点上,我们当然应该把接收器摆在焦点上。不仅是接收,发射也一样,从发射天线焦点发出的电波是损失最少、最有效率的。在我们说到的法国地铁里,拱顶恰恰起到了无线电天线的作用,而你就是发射者(或者也可能是接收者,看情况)。唯一不同的就是地铁里传播的是声音,而不是无线电波。

浮沉子,向上浮啊浮,忽然之间沉下去:浮沉子是那种既有趣,又能让人长科学见识的实验之一。演示这种实验时,可能会出现两种问题:过早地解释其中的物理原理,使实验的趣味大打折扣,或者是因为观看实验的人对问题缺乏最基本的认识而失去了好奇心……要等到观看者心里犯嘀咕的时候再向他们解释,无论观看者是大人还是孩子,都不要把解释强加给他们。从教学艺术角度充分考虑后,我们现在可以来解释浮沉子了。

当你挤压瓶子时,瓶子变形了(所以要用塑料瓶),水上方的空气被你压缩了,压力增大;空气的体积越小,效果越明显,因为空气压力增大的比例会更大。这个压力使一些水进入浮沉子里,这个多出来的重量便使它下沉……直到你放手,空气压力回到从前的状态,刚刚进去的水便会从浮沉子里排出。在准备实验时,注意应该稍微多用一些橡皮泥,让浮沉子处于几乎要下沉的状态,因为我们的装置只能让很少的水进出浮沉子。浮沉子可真是个好游戏!

多普勒还在显灵:实际上,我敢说,我们从太阳那里接收到的光确实受到太阳自转的影响(不过也很复杂。由于太阳是液态的,所以它不像地球那样作为一块整体转动,太阳的赤道部分转得快,而两极则转得慢)。克里斯琴告诉我们,我们接收到的光如果离我们越来越远,光便会出现红移,不过他还补充道:相应的,如果这光离我们越来越近,它就会出现蓝移。那么就整个太阳而言,我们究竟看到了什么呢? 比起不动的光源,太阳光的强度会增强。如果太阳作为一块整体远离我们,那么阳光会红移;既然实际情况是太阳一部分远离我们,而另一部分却在接近我们,阳光就会同时向两端移动,所以它增强了。这个现象甚至还可以用来测定恒星自转的速度,因为它转得越快,光的增强越大。恒星离我们有几百亿千米

那么远,平时在夜空中它们看起来就是些小光点,通过这种方法,我们就可以知道它们那么多的事,这不是很奇妙吗?

太阳上能放出光的原子始终以极快的速度不断运动着,再加上太阳的表面温度始终非常高,如果我们考虑到这些,情况会变得更复杂。由于这些原子的运动在各个方向上都有,平均来看,接近我们的原子和远离我们的原子数量相当。和我们上面分析过的太阳自转一样,原子的这种运动会让阳光同时向红蓝两端移动:阳光于是增强了,这与温度也有关系。

那么太阳的自转运动和原子的运动,两者的作用谁大谁小,各占多少呢?首先我们要考虑到,这两种运动的速度不同,自转运动慢,每秒钟 100 米左右,原子的热力运动快,每秒钟可达 1 000 米。当然,我们有测量恒星表面温度的其他方法,那就是根据它的颜色来判断,这么一来我们就可以测出两种运动的作用各占多少了。不过,对我们来说,有时候我们的体温上升,脑袋转来转去……可是我们却并不知道谁是原因,谁是结果……

多美的极光:我们只有在早晨或者傍晚时才能看见彩虹,这个现象应该从几何学的角度来解释。事实上,我们已经说过,彩虹的最外圈与观察者的视线成 42°角;完整的彩虹应该是个圆,其圆心就是彩虹的中心,而它恰恰是太阳关于你的头的对称点!你难道从没意识到,你只有背对太阳时才能看见彩虹吗?当太阳的位置比较低,对称点就比较高,你便能看到一部分彩虹,剩下的部分是被地面挡住的。太阳早晨升起夜晚落下,这两个时间它靠近地平线,位置比较低,而暴雨通常发生在下午,此时看见彩虹的概率是最高的。而接近中午时分,太阳的位置很高,对称点的位置则很低,就算有彩虹,也是在地平线以下,我们是看不到的。理论上说来,如果太阳与地平线所成的角不超过 42°,那么我们就能看到彩虹;实际生活中,由于靠近地平线处呈弧状,又会吸收光线,要想看到彩虹,太阳与地平线所成的角不能超过 35°,除非你是在海上,那里的视野足够开阔。

低调的空气:只要用漂蜡(可以浮在水面上的蜡烛)就可以有这种效果了;用让浮标沉下去的相同方法,我们可以使漂蜡稍许下沉,让它看起来好像……在水下燃烧,但实际上它仍然浮在水面。注意,燃烧时间最多只能持续几秒,蜡烛会因为缺氧而熄灭。

宙斯的雷电:这个年轻的律师就是罗伯斯庇尔(全名为:马克西米连·弗朗索瓦·马里·伊西多·德·罗伯斯庇尔),他因为法国大革命而出名,人们都知道他是个革命家,很少有人知道他也是个律师。罗伯斯庇尔出生于 1758 年,1782 年 1 月,他第一次作为律师出庭辩护,那一年他只有 24 岁。紧接着他就被大主教德·贡吉埃任命为大主教法庭的法官。避雷针的案件是在 1783 年 5 月审理的,原告房主名叫德·维塞尔。罗伯斯庇尔还给我们留下了第二个辩护纪录,那就是德特夫案件。在阿拉斯(罗伯斯庇尔的出生地,也是法国北部加莱省的省会)附近的小城昂善,一位名叫德特夫的制绳工匠被当地的本笃会教士诬陷,说他偷了教会的东西,罗伯斯庇尔曾为德特夫辩护。他在做学问上也取得过一定的成就,可以说他的事业就是从文学研究开始的。他写过好几篇论文,其中一篇被梅斯学院刊发。1786 年他还被阿拉斯文学院选为院长。这以后不久,他便去了巴黎;接下来就是他在法国大革命中的故事了……

烧开水:要回答这个问题,还是要用几千年以前就有的阿基米德定律,但是这里的情况更为复杂一些。当石头落入湖水中,湖水增加的体积等于石头的体积,也就是说石头排开的湖水体积等于石头的体积,比如,如果石头的体积为 1 立方分米,湖水的体积会相应增加 1 升(1 L = 1 dm³)。现在我们要比较一下,刚才石头还在船上时,石头排开的水是大

于 1 升还是小于 1 升。阿基米德告诉我们,水对物体的浮力等于物体所排开水的重量。当石头还在船上时,湖水对石头的浮力等于石头的重力,也就是说石头的重量等于它排开的湖水的重量;可是石头的密度比水大,同样体积的石头和水,石头肯定比水重,所以石头在水里会下沉;用我前面举过的例子,这块 1 立方分米的石头重约 3 千克;这块石头在船上时,它排开了与它一样重的 3 升水,也就是说,与沉入湖水中的石头所排开的水相比,船里的石头排开的水多出了 2 升。结论:当你把石头扔进湖水中,湖的水平面上升了。

给我一个支点:这个问题没有设陷阱(终于有一个没设陷阱的问题了)。此时的转动轴为一条水平线,平行于墙壁,且就在墙壁旁边;当我们压在洗手盆上时,以很大的力矩向下施加了一个力:我们离墙越远,力矩越大。我们施加的这个压力可不小,再加上洗手盆本身的重量,产生的效果更是显著。结论:即使你不担心自己超重,如果你坐在一个仅仅钉在墙上而没有其他任何支撑物的洗手盆上,这也绝对可能对你的屁股造成灾难性的后果,同时还会引起一场水灾(别忘了,水龙头和洗手盆是连在一起的)! 今天,大部分洗手盆下面都有支撑柱,除非实在是没地方(这种时候,应该用很小的洗手盆,这样脱钩的风险最小),这根支撑柱承受了洗手盆的重量以及偶然施加在洗手盆上的压力。只有孩子们可以趴在洗手盆边上,看着爸爸刮下来的胡子如何流进下水口,如果此时墙上的钉子断了,那么难保这些胡子会跑到他们脸上,你也用不着为此惊讶……看上去真像有学问的人!

奔走抢购:这里需要使旋转的效果达到最大,除了增大力以外,增大力矩也是一种方法;如果我们想花最小的力气,我们就要把施力点放在离窗户轴最远的地方;不过,无论如何,安全第一,所以不要把身体过分地探出窗外,拉的时候用力也要适中,免得摔倒,尤其是当你住在楼上的时候。

把单摆变钟摆:如果量一量按秒摆动的钟摆摆线,你会发现它的长度比 1 米稍短。这是个巧合吗? 既是,也不是。当然,实际的摆线长度确实由自然决定,不过我们这里说的是两个测量单位之间的关系,一个是时间单位,另一个是长度单位,而测量单位是由人自己定出来的。法国大革命的巨大贡献之一就是让各种测量单位形成统一的系统:米制系统。

法国大革命时期的建议之一就是,如果一个钟摆在巴黎按秒摆动,那么应该把它的长度定为测量长度的标准单位(在赤道,它会摆得慢一些,而在极点,它会摆得快些)。不过,最后"米"还是通过测量经过巴黎的经线定下来的,这根经线的四千万分之一便为 1 米。所以一开始,摆线约为 1 米的钟摆按秒摆动确实只是个巧合,不过在大革命中这差点成为一个公约! 如果我们想让它的摆动频率增加到两倍呢? 缩短摆线,直到摆动周期(一个来回)减少为一秒;那么现在摆线有多长呢? 不是的,它不是原先的一半,而是 1/4:在生活中,没什么是成比例的……

海市蜃楼,我美丽的海市蜃楼:首先要简单解释一下极化的原理。极化又叫偏振,所有的电磁波都有偏振现象,光也有偏振。什么是光的偏振呢? 以阳光为例,阳光在空气中散射或者被物体反射后,通常会拥有一些特定的振动频率,这就是光的偏振。被极化处理过的偏光镜片对光起到滤光片的作用:它只允许某个特定振动频率的光波通过,其他频率的光波都被挡掉了。如果你拿一个滤光片,把它转到与阳光的振动面一致的方向,透过它去看阳光,光线最强;相反,如果你把它与这个方向垂直放置,那么光几乎无法通过。为了更好地理解这个现象,想象一下你的偏光镜片就是由竖直的栏杆组成的栅栏,只有在竖直方向上振动的光波才能通过。如果说一开始光是朝各个方向上振动的,那么在这次过滤之后,大部

分的光都被滤掉了:这就是偏光镜片起到的保护作用。

下次,如果你在海滩上的遮阳伞底下,戴上你自己那副偏光眼镜,再问你的邻居(可能是男孩,也可能是女孩)借一副(虽然是在大太阳底下,你和他或她之间也难免会隔着一层坚冰,而一些有趣的物理现象总能很好地打破这层坚冰,让你们彼此熟悉起来)。把你借来的这副偏光镜的两个镜片分别对准你眼前的两个镜片,然后转动借来的偏光镜:你会发现,光先是变暗,变成最暗后开始增强,达到最强后又变暗,如此反复。偏光镜转动一圈,最强光会出现两次。

以下是产生这种现象的原因:我们在这里又加上了一副偏光镜,相当于第二个栅栏,而且它还在转动。你手里的偏光镜转动一圈,会两次平行于另一副偏光镜,此时,从第一副镜片中通过的光也顺利地通过了第二副镜片。而在两次平行中间,两副偏光镜会彼此垂直,第一副镜片中通过的光正好全被第二副镜片挡住了,你什么光都看不见了。如果两副偏光镜既不平行也不垂直,那么总会有一些光透进来。光永远不可能完全偏振,总有一些振动频率杂乱的光波,所以无论戴什么样的保护眼镜,总会有一点光透过来。这么看来,你还得重新再去涂涂防晒霜……

融解,误解:这一切还是因为水和它的状态转化。只不过这里不是融化,而是与融化相反的过程:凝固(或者说结冰,因为这里说的是水)。不管我们出不出汗,我们的皮肤表面总有一些水,当温度足够低(当然要等于或低于0 ℃),这些水便会结冰。如果你接触到一个很冷的东西,皮肤上的水几乎会在瞬间结冰(因为水的量很少),于是这冰就在皮肤和物体的接触面上形成了一层"胶水"。这个现象可以在任何物体上产生,但是对于金属物体表现得特别明显,因为我们前面已经说过了,它们极好的热传导性增强了"胶水皮肤"的效果。这可让登山运动员和极地探险者吃尽了苦头,一不小心就会在什么地方留下自己的一点皮。

给温度计降降温：百分温标的确定需要知道两个固定的温度点，通常被记为 0 和 100（这也就是"百分温标"这个名字的由来）。我们使用的摄氏温度是由瑞典人安德斯·摄尔修斯于 1742 年设计出来的，这两个固定的温度点分别是水转换形态的两个温度：凝固/融化时为 0 ℃，凝结/蒸发时为 100 ℃。摄氏温度是国际通用的测温法，可是从物理学的意义上讲，它却并不合理，我们下面就来分析一下。英国和美国使用的是德国人大卫·华伦海特于 1724 年设计的华氏温度，对于华氏温度而言，两个固定的温度点分别是这样定出来的：把当时人们能够人工制造出的最低温度定为 0（大约为－17 ℃），把人体的温度定为 100（大约为 37 ℃）。和摄氏温度一样，华氏温度也是费尽心思才设计出来的，一般说来，同样的温度，用华氏温度表示要比用摄氏温度表示高出许多，而 1 华氏度（1 ℉）要比 1 ℃ 小很多。当然，还有其他许多表示温度的方法，比如法国人弗朗索瓦·列奥米尔设计的列氏温标，但它没用多久就被淘汰了。

真正的国际标准测温法是开氏温度，由著名的物理学家汤姆逊设计，他也被人们称为开尔文勋爵，开氏温度就是以这个称呼命名的。开氏温度建立在微观热力学的基础上，也就是用原子和分子运动所产生的热量来表示温度变化。绝对 0 度，0 K，表示物质中再也不能产生任何热量（量子物理学认为物质永远也不可能达到这个温度，因为在这个温度下，物质里的原子和分子将一动不动，完全静止）；这个极限温度（只能是理论上的，现实中不可能出现）相当于－273.16 ℃。1 开氏度（1 K）的大小等于 1 摄氏度，所以 0 ℃ = 273.16 K，100 ℃ = 373.16 K，以此类推。如果你想让自己心里感觉暖和点，可以用华氏温度或者开氏温度（至少从数字上看，它们很高），如果天气很热，还是用摄氏温度吧，还有，赶紧去最近的游泳池转一圈……

自行车：回答这个问题最简单的方法就是从能量角度来分析：对于一

个大的齿轮,施加在链条上的力大小一定,这个力能更有效地转化为促使自行车后轮转动的驱动力,因为齿轮的半径大,力矩也大。当我们想花最小的力气,比如我们上坡时,应该用大齿轮。不过与此同时,脚踩一圈,齿轮转动的圈数少(齿轮比较大),自行车后轮走的距离也少;脚踩的圈数多,却省力!这其中当然也有能量原理:做功一定时(做功=力×位移),我们选择减小力,也就意味着要增加脚踩的圈数。对于链轮而言,为了最省力,力应该最有效:链轮所走的距离要最小,带动的链条移动距离也最小,所以应该选择小的链轮。此时花的力气最小,可踩一圈带动的滚动距离也最小,是齿轮和链轮共同的作用让骑车人所花的力气变得最小。当然,如果我们要下坡,推理和上面其实是一样的,我们此时想把后轮走的距离增到最大,因为有一股下冲力在帮助骑车者。所以我们应该选择增加后轮的速度(和开车时一样),或者是链轮的速度(增大它的尺寸)。开车时,汽车的变速器(挡位)的工作原理虽然和自行车并非完全一样,却也差不多,低挡位的驱动力大,可是驱动轮走的距离小;所以对于一辆功率一定的汽车,此时的速度也小(别想像 F1 赛车那样,启动时就把速度加到 90 km/h)。当我们换到高挡时,驱动力小了,可位移大了:此时车子已经顺利启动,稳稳上路,所以不再需要发动机提供特别大的力;用低挡启动汽车对发动机绝对是件"累活儿",就好像要踏动一辆传动比很大的自行车一样,只不过在后一种情况下,是我们的腿充分地感到累而已……

水,水:如果你没亲身感受过"水锤"现象,那是因为你住的房子足够新,比较牢固,因为水锤现象通常发生在一个水龙头或者一根水管衔接不牢的时候。如果你把水龙头拧开一点,流出的水很少,因为有两个因素在起作用:水得以流出的面积和水流的速度。此时水之所以流得那么慢,是因为它经过管道和龙头时一路受到了摩擦。当你把龙头开大些,水流出的面积增大了,速度也变快,因为水流受到的摩擦相应地减小了:正是这两个原因使水的流量变大。如果水的流量适中,水流就平稳,也就是说水流的速度不会突然变化;流体动力学家们称之为层流,从能量的角度看,此时的流动是最有效的。可是,如果水的流量过大,水流会变得湍急而速度也会很不稳定:此时的水流状态称为紊流。随着能量的损失,水流速度减小,水流量降低,直到恢复层流状态。所以有一个临界的水流量,低于它,水流平稳,超过它,水流紊乱。当水流量接近这个临界值,水流会在两种状态间摇摆,如果一个房间的龙头或者水管没有接好,房间会与水流发生共振,断断续续地振动。当我们突然开关水龙头,水流中也会产生一个冲击波,沿着管道和龙头传播,使它们振动,这就是水锤。为了防止这种现象的发生,买一幢牢固的房子(就算不考虑水锤现象,至少你也不用受漏水甚至"洪水"之苦了),好好地对待你的水龙头,它们应该受到尊敬,别让它们发疯……

喜欢球的孩子:答案是肯定的,即使功率并不大,车也不会因此获得什么发明大奖。事实上,理想状态应该是在摩擦力最小,而风很大的时候:我们马上就想到了海。其实,"帆船"最早的雏形正是利用了这个原理,方式如下:坚硬的风帆横截面呈"S"形,只要有一点风,不管风向如何,风帆便会旋转。这里充分体现出了相对运动的作用,一只自转的球在空中运动与一只在风中原地自转的球效果相同。这种由"马格努斯效应"引起的运动被用作船的推进力,风帆在这里的作用类似于螺旋桨。这种古老的帆船最大的好处就在于,不管风朝哪个方向吹,船的速度几乎不受影响,相对的,船的速度始终比较小……我们的划船者们要再加把劲啊。

白昼与黑夜:在极点,分别站在24根经线(也是时间线)上的人碰到了一起,所以他们必须对"此时究竟是几点"这个问题达成共识。他们能随意决定吗?不能。这个时候,地球上很难再找到有效的时间参照,相

反,决定白昼和黑夜的太阳却始终挂在他们头顶。我当然要以太阳为时间参照了,因为太阳和地球的自转没关系,所以它可以方便地替我们指明时间。如果太阳在它运行轨迹的最低点,那么此刻就是午夜(季节不同,我可能看不见太阳);如果太阳在它运行轨迹的最高点,那么就是正午,以此类推……在这种情况下,只有太阳时间才是有效的,因为法定时间是用经度标明的,而经度这时已经没有了!

在压力之下:这里给出的答案可能会让有些人产生"夏布洛尔专员"(为法国导演克劳德·夏布洛尔的一个电影人物)那样的感受(当然,他的心情总是很愉快),那就是为没有想到很简单的事而懊恼不已,不过话说回来,简单的并不就是容易想到的! 拿一根吸管,在一杯水里吹气,你看见什么了? 当然是气泡,你呼出的空气现在看得见了。因为气体此时在液体中。水中的气泡对于补自行车胎的师傅来说再熟悉不过了。注意,并不是所有的气泡都是空气泡;碳酸饮料中的气泡大多是二氧化碳形成的,不管这饮料含不含酒精。水沸腾时产生的气泡名字叫……什么来着? 给你一个题中题! 答案在下一段里,提示是:想想看沸腾是怎么形成的,发生了什么转换。

答案:水蒸气,它在空气中看不见,可是在水里就看得见了,和空气一样。你没有喘不过"气"来吧?

致　谢

　　我要感谢以下这些朋友中肯的建议和友好的鼓励：杰拉德·施隆、杰拉德·德·维奇、雅克·艾沙利埃、布鲁诺·朗鲁瓦、希尔维·奥热、米歇尔·隆多·乐维尔、居伊·斯尔万。

　　特别要感谢克里斯提阿诺·阿多尼和皮埃尔·杜埃。

　　感谢我的家人们，当我把自己单独关在我那"鸟窝"里写书时，他们仍然那么耐心地等待……